Sven T. Marlinghaus | Christian A. Rast

Driving Impact

Wertschöpfung in der Welt von morgen

Bibliografische Information der Deutschen Nationalbibliothek
Die Deutsche Nationalbibliothek verzeichnet diese Publikation in der Deutschen Nationalbibliografie.
Detaillierte bibliografische Daten sind im Internet über http://dnb.d-nb.de abrufbar.

Für Fragen und Anregungen:
drivingimpact@mi-wirtschaftsbuch.de

1. Auflage 2013

© 2013 by mi-Wirtschaftsbuch, ein Imprint der Münchner Verlagsgruppe GmbH,
Nymphenburger Straße 86
D-80636 München
Tel.: 089 651285-0
Fax: 089 652096

Redaktion: Jordan & Partner, München
Lektorat: Desirée Simeg, Gersthofen
Umschlagabbildung und Illustrationen: Carsten Abelbeck Konzept & Design, München
Satz: Grafikstudio Foerster, Belgern
Druck: Interpress Kft., Ungarn
Printed in the EU

ISBN Print 978-3-86880-141-5
ISBN E-Book (PDF) 978-3-86416-116-2
ISBN E-Book (EPUB, Mobi) 978-3-86416-117-9

Weitere Informationen zum Verlag finden Sie unter

www.mi-wirtschaftsbuch.de

Beachten Sie auch unsere weiteren Imprints unter
www.muenchner-verlagsgruppe.de

Für meine Frau Miriam, die mir Rückhalt und Kraft gibt,
für meine Mutter Heidi, in tiefer Dankbarkeit,
für meine Kinder Kim und Til, auf deren Zukunft ich mich freue,
für meine Kollegen und alle, die Zukunft gestalten, statt nur zu träumen.

Sven T. Marlinghaus

Für meine Kollegen, die jeden Tag helfen, die Zukunft zu gestalten,
und für meine Familie, die diese Zukunft erleben darf.

Christian A. Rast

Inhalt

11. ZEITALTER DER NACHHALTIGKEIT

2030: Ein Buch über die Gegenwart

»Man kann einen Barbier als einen definieren, der all jene und nur jene rasiert, die sich nicht selbst rasieren. Die Frage ist: Rasiert der Barbier sich selbst?«

Bertrand Russel, *The Philosophy of Logical Atomism*

»Den Menschen, deren Beschäftigung über das Gebiet ›realistischer Projekte‹ hinausgeht; den Trockenland-Ökologen, wo immer sie wirken werden oder zu welcher Zeit, ist dieser Versuch einer Voraussage in Anerkennung und Verehrung zugeeignet.«

Frank Herbert, Widmung in *Dune, der Wüstenplanet*

Zukunftsforschung ist Etikettenschwindel.

Wundern Sie sich, dass ein Buch über die Zukunft mit diesen Worten beginnt? Das sollten Sie nicht. Denn ein guter Zukunftsforscher ist sich dieser Tatsache nicht nur bewusst, sondern wird sie so oft er kann selbst ins Feld führen: Er will schließlich nicht als Wahrsager in einem Rummelzelt enden. Denn was macht ein Zukunftsforscher? Er schaut weder in den Kaffeesatz noch in die Kristallkugel. Er sieht sich die Gegenwart an. Das allerdings ziemlich genau.

Der Zukunftsforscher ist vor allem ein Ökologe: Er versucht das komplexe ökologische System, in dem er sich bewegt, zu begreifen – seine Elemente, Kausalitäten und Interdependenzen. Er bedient sich dabei des Mikroskops, um neu sprießende Keime und selbst kleinste Mutationen zu entdecken und ökologische Nischen zu erkennen. Er braucht aber zwingend auch ein Makroskop, um die Bedingungen und Gesetzmäßigkeiten zu begreifen, die zu Veränderungen führen.

Erst ein tiefes Verständnis eines ökologischen Systems erlaubt dem Ökologen, sich über seine weitere Entwicklung Gedanken zu machen, mögliche Zukünfte am Horizont zu erkennen und zu strukturieren. Das ist ein zutiefst kreativer Prozess – aber nicht halb so anspruchsvoll wie der vorausgehende Blick auf die Gegenwart. An ihm misst sich der Ökologe, an ihm misst sich der Zukunftsforscher.

Bei alledem weiß ein guter Ökologe auch um das zentrale Paradoxon seiner Forschungen: Er ist selbst Teil des von ihm beobachteten und analysierten Systems. Und damit ist sein Blick alles, nur nicht objektiv und vollständig. Ein guter Ökologe wird deshalb versuchen, möglichst viele Methoden anzuwenden, um die blinden Flecken seiner selektiven Wahrnehmung zu umgehen. Und er wird dennoch wissen, dass seine grundsätzliche Subjektivität nicht aufzubrechen ist. Das ist die eine Seite.

Die andere Seite ist, dass der Ökologe mit seinen Beobachtungen unmittelbar Einfluss auf das beobachtete Ökosystem nimmt – sowohl durch seine teilnehmende Beobachtung als auch dadurch, dass er über seine Beobachtungen spricht, verändert er die Gegenwart und auch die Zukunft des Systems. Man kann das als Problem sehen – oder als eine Chance, Werte zu schaffen.

Auch wir, die Herausgeber dieses Buchs, schätzen eine ökologische Sichtweise. Und die Subjektivität, die unseren Blick auf die Phänomene der globalen Entwicklung kennzeichnet, wollen wir dabei nicht leugnen – im Gegenteil: Es ging uns darum zu zeigen, welche reichhaltigen Beobachtungen die oft vernachlässigte Perspektive des Supply-Chain-Managements ermöglicht, wie essenziell sie für das Verständnis unserer Gegenwart und das Vorausdenken und Gestalten unserer Zukunft ist.

Ökologisches Denken ist dem Supply-Chain-Management inhärent. Wie die Ökologie befasst es sich mit einer vielschichtigen Realität, der es mit anspruchsvollen, multidisziplinären Modellen begegnet. Diese Fähigkeit zum Verständnis und Management der Komplexität versetzt das Supply-Chain-Management in die Lage, effektive Strategien zu entwickeln und nachhaltige, wertstiftende Veränderungen – Impact – zu initiieren.

Driving Impact ist ein Impulsgeber. Wir wollen uns einmischen, überzeugen und uns überzeugen lassen. Deshalb ist dieses Buch das Protokoll vieler heißer, engagierter und inspirierender Diskussionen, ein Projekt, das für uns zu einem intellektuellen und emotionalen Road-Trip wurde. Wir hoffen, dass Sie einiges davon auf den folgenden Seiten wiederfinden werden.

Sven T. Marlinghaus, Partner, Leiter SCM & Procurement Consulting, KPMG und
Christian A. Rast, Partner, Leiter des globalen Center of Excellence Strategic Sourcing & Procurement, KPMG

Die Fähigkeit zur Transformation – ein neuer Imperativ

Die Spatzen pfeifen es von den Dächern. Um im heutigen globalisierten Unternehmensumfeld noch bestehen zu können, hilft nur eins: Man muss innovativ sein! Innovative Unternehmen generieren heute 30 Prozent ihres Umsatzes mit Produkten, die jünger sind als drei Jahre. Bezogen auf das Jahr 2015 besteht also ein solches Unternehmen jetzt erst zu 70 Prozent. Bezogen auf das Jahr 2021 gibt es dieselbe Firma heute noch gar nicht. *The Economist* findet noch deutlichere Worte: »Innovation is the single most important ingredient in any modern economy.«

Doch innovativ zu sein ist leichter gesagt als getan. Denn das heutige Innovationsumfeld ist hyperdynamisch, komplex und unberechenbar. Das Digitale hat sich tief in die ökonomische DNA integriert und dabei nicht nur Eintrittsbarrieren verringert und Branchengrenzen verwässert, sondern auch ein neues Innovationsparadigma ausgelöst. Innovationen entstehen heute nicht mehr in abgeschotteten F&E-Abteilungen, sondern vielmehr an den Schnittstellen zwischen Menschen, Märkten und Unternehmen. Egal ob mittelständische Maschinenbauer, Original Equipment Manufacturer (kurz OEM; dt. Erstausrüster) oder börsennotierte Nahrungsmittelkonzerne: Unternehmen müssen heute in einem Umfeld agieren, das weder stabil noch sicher ist. Die Fähigkeit zur Transformation ist dabei zur neuen Grundvoraussetzung geworden. Doch die kommt nicht von ungefähr.

So sehr Innovationen auch ein Produkt aus Disruption und Chaos sein mögen, ein systematischer Umgang mit ihnen kann dem genialen Zufall durchaus auf die Sprünge helfen. Oder anders ausgedrückt: You always have to feed innovation to keep it alive! An dieser Stelle kommen auch Trends ins Spiel. Denn in dieser Logik sind Trends das Futter – das »Brain-Food«. Durch die systematische Vereinfachung der diffusen Wandelwelt reduzieren sie die Komplexität und geben Orientierung. Trends helfen somit dabei, die Welt von morgen besser zu verstehen und zu antizipieren. Zudem sind sie kreative Impulse, die uns im ersten Moment irritieren, später inspirieren und schließlich faszinieren. Es sind eben jene Impulse, die uns – mal sanft, mal ziemlich abrupt – aus unserer gedanklichen Komfortzone locken und zum Handeln motivieren. Und das ist auch gut so, denn ohne Handlung keine Wirkung – ohne Impulse kein Impact.

Torsten Rehder,
TrendONE GmbH

1. Neue Weltordnung

Trend Insight

Wie sieht die Welt in 20 Jahren aus? Prognosen globaler Natur zu treffen, beispielsweise zu den Veränderungen der weltweiten wirtschaftlichen und politischen Kräfteverhältnisse, ist schwierig. Auch wenn der republikanische Politologe und Strategieberater George Friedman mit seinen provokanten geopolitischen Vorhersagen etwas anderes suggeriert und in manchen Aspekten sogar Recht behalten mag. So sieht er die Rolle der USA als dominierende Weltmacht bis zum Ende des Jahrhunderts gestärkt. China, Indien und Russland verlören dagegen an Bedeutung, die EU zersetze sich, und Deutschland werde von seinem demografisch begünstigten Nachbarn Polen überflügelt. Afrika und Südamerika misst Friedman offenbar zu wenig Bedeutung bei, um sie überhaupt zu erwähnen.[1]

Blickt man ohne Amerikazentrismus auf die Realität, lässt sich zumindest feststellen, dass sich in den letzten Dekaden die Kraftlinien deutlich verschoben haben: Zwar sind die USA nach wie vor ökonomisch an der Spitze. Die G8[2] sind aber längst nicht mehr die acht größten Industrienationen. Die 1975/76 noch als die leistungsfähigsten Volkswirtschaften der Welt an den Start gegangene Gruppe der Sechs beziehungsweise Sieben wurde von der ökonomischen Realität ein- und sogar überholt. Daran ändert auch die noch vor der Jahrtausendwende erfolgte (Teil-)Erweiterung des exklusiven Clubs um Russland nichts. Denn mittlerweile tummeln sich China als zweitgrößte Volkswirtschaft, und Brasilien (Platz 6) unter den Top 8, während Kanada – von Indien und Russland überholt – aktuell nur noch Rang 11 einnimmt.[3] Der ökonomische

---

1   Friedman, G.: *Die nächsten 100 Jahre.* Campus Verlag, 2009
2   Der G8 gehören Deutschland, Frankreich, Großbritannien, Italien, Japan, Vereinigte Staaten von Amerika, Kanada und Russland an.
3   Weltbank, GDP Ranking, 2011

Schwerpunkt unseres Planeten befindet sich auf einer Reise. Er bewegt sich von seiner ehemaligen Position zwischen Westeuropa und Nordamerika aktuell in östliche Richtung. Das zeigt sich auch, wenn man die deutschen und europäischen Handelsbeziehungen betrachtet: Sowohl Exporte als auch Importe nach beziehungsweise aus Asien haben in den vergangenen 20 Jahren überproportional zugenommen.

Verschiebungen sind auch auf anderen Ebenen zu beobachten. Nach dem Zusammenbruch des sowjetischen Machtblocks war der Westen mit seinen Institutionen die globale Schaltzentrale der Macht, an der keine wichtige Entscheidung vorbeilief. Heute bilden sich neue politische Powerhouses, etwa in Form von regionalen Allianzen und Zusammenschlüssen der weltpolitisch unterrepräsentierten großen Schwellenländer. Die Zukunftsfähigkeit und das Potenzial dieser neuen Machtzentren sind jedoch aufgrund interner Probleme sowie mangelnder politischer und institutioneller Integration fraglich.

Mehr Unabhängigkeit von den USA ist das erklärte Ziel der derzeit acht Staaten umfassenden Alianza Bolivariana para los Pueblos de Nuestra América (ALBA). Ursprünglich als linker Gegenentwurf zur US-dominierten gesamtamerikanischen Freihandelszone (span. ALCA, engl. FTAA) durch den venezolanischen Präsidenten Hugo Chávez initiiert, verfügt die ALBA über eine Entwicklungsbank und seit 2010 auch über eine zwischenstaatliche Regionalwährung, den SUCRE. Nicht erst seit dem Tod von Chávez, der die anderen Mitglieder mittels Petrodollars bei der Stange hielt, sind Zweifel am Integrationsgrad der ALBA angebracht. Brasilien und Mexiko, die wirtschaftlich starken Länder der Region, konnte Chávez ohnehin ebenso wenig von seiner Idee der bolivarischen Einheit überzeugen wie das boomende Chile. Ob dies seinem Nachfolger Nicholás Maduro besser gelingen wird, ist mehr als fraglich. Andererseits machen auch die FTAA-Bemühungen der USA bereits seit Jahren keine nennenswerten Fortschritte. Vieles wird in dieser Region davon abhängen, wie sich die großen Schwellenländer Brasilien und Mexiko verhalten: Zusammen könnten sie ihre Interessen durchaus gegenüber den USA behaupten, allerdings fehlt es an Gemeinsamkeiten.

Ein weiteres neues Powerhouse mit zunehmender geopolitischer Relevanz sind die BRICS-Staaten[4]. Diese Länder repräsentieren 40 Prozent der Weltbevölkerung und rund ein Viertel der globalen Wirtschaftsleistung. Sie begannen vor einer Handvoll Jahren (damals noch als BRIC, ohne Südafrika), sich mittels regelmäßiger Konsultationen und Gipfeltreffen als Gruppe weltpolitisch zu emanzipieren. Für Deutschland hat die Bedeutung insbesondere der vier großen Schwellenländer Brasilien, Russland, Indien und China enorm zugenommen: Die deutschen Exporte in diese Länder haben sich in den vergangenen 15 Jahren

---

4   »BRICS« steht für die Anfangsbuchstaben der Staaten Brasilien, Russland, Indien, China und Südafrika.

auf den Wert von 121,2 Milliarden Euro fast versiebenfacht. Die Importe beliefen sich 2011 auf 138,8 Milliarden Euro und wuchsen doppelt so schnell wie die Importe insgesamt.[5]

Auf ihrem Treffen im März 2013 in Durban beschlossen die Staats- und Regierungschefs der BRICS-Länder nun, eine eigene Entwicklungsbank zu gründen, die in Konkurrenz zum Internationalen Währungsfonds (IWF) und zur Weltbank treten soll. In diesen beiden Institutionen haben die USA und die EU das Sagen, während China und die anderen bereits seit längerem vergeblich mehr Macht für sich reklamieren. Bislang fanden weder ihr Anspruch auf Repräsentation in den Führungsgremien noch ihre Forderung nach institutionellen Reformen Gehör. Zwar sind alle BRICS-Staaten bereits in regionalen Entwicklungsbanken vertreten, doch das neue Institut – so es denn mit entsprechender Konsequenz umgesetzt wird – hätte auf globaler Ebene ein deutlich größeres Gewicht.

Fakt ist allerdings auch, dass die fünf Staaten sehr unterschiedliche Interessen haben und sich ihre Zusammenarbeit daher bisher nicht durch eine klare gemeinsame Agenda auszeichnet. So existiert von der BRICS-Bank bislang lediglich die Absichtserklärung von März 2013, und es bleibt abzuwarten, wie konsequent das Vorhaben umgesetzt wird. USA und EU täten dennoch gut daran, die BRICS-Aktivitäten nicht aus den Augen zu verlieren. Wachsender Leidensdruck in Form eines wahrgenommenen Bedeutungsdefizits dürfte dazu führen, dass man sich zu verstärkter Zusammenarbeit untereinander gezwungen sieht. Die unter Ausschluss der BRICS-Staaten geführten Freihandelsgespräche zwischen EU und USA stellen in dieser Hinsicht sicherlich einen Motivationsfaktor dar.

Ob sich China wie von Friedman prognostiziert im weiteren Verlauf des 21. Jahrhunderts als Papiertiger herausstellen wird,[6] muss sich zeigen. Die derzeit lauter werdenden Gerüchte von einer chinesischen Schuldenkrise sprechen zumindest für eine Konsolidierungsphase im Reich der Mitte: Das Schuldenvolumen wird auf rund 200 Prozent des Bruttoinlandsprodukts geschätzt,[7] das Wachstum hat sich erstmals deutlich abgeschwächt. Aktuell ist die weltweit zweitgrößte Volkswirtschaft,[8] die auch zu den fünf wichtigsten deutschen Handelspartnern zählt, jedenfalls noch ein mächtiger Player und spielt ihre Karten geschickt aus. Auch in den Beziehungen zu Europa: Dort baut Peking gezielt Beziehungen zu schwächeren Länder auf, um im Sinne von Machiavellis »divide et impera« durch bilaterale Beziehungspflege ein Gegengewicht zur mächtigen EU zu schaffen. 2012 wurde in der chinesischen Hauptstadt ein Sekretariat mit

---

5   http://www.welt.de/wirtschaft/article108854722/Exporte-in-BRIC-Staaten-haben-sich-versiebenfacht.html
6   Friedman, G.: *Die nächsten 100 Jahre.* Campus Verlag, 2009
7   http://www.tagesanzeiger.ch/wirtschaft/konjunktur/Die-ChinaStory-duerfte-ein-Ende-finden/story/25025341
8   http://databank.worldbank.org/data/download/GDP.pdf

16 zentral- und osteuropäischen Ländern, darunter 10 EU-Mitgliedern, eröffnet. Über Sonderkredite und Gemeinschaftsprojekte sollen nun die wirtschaftlichen Beziehungen mit den CEE[9]-Staaten intensiviert und gefestigt werden. Ist das erreicht, dürfte es künftig sehr schwer werden, Pekings Stimme in der EU zu überhören. Dass die Schweiz ein Freihandelsabkommen mit China abgeschlossen hat, trägt ebenfalls nicht zur Beruhigung im Westflügel der EU bei. Auch wenn die traumhaften Wachstumsraten in China vorerst nicht mehr erzielt werden können, bleibt das Reich der Mitte doch ein gigantischer weltpolitischer Faktor und ist weit von einem Papiertiger entfernt.

Unternehmen müssen die Verschiebungen der weltpolitischen Kraftlinien und die Entwicklung der neuen Powerhouses gerade im Hinblick auf ihre globale Wertschöpfung genauestens beobachten. Nur wer die nötige Flexibilität und Adaptivität entwickelt, um schnell auf veränderte Rahmenbedingungen zu reagieren, wird sich im globalen Wettbewerb behaupten können.

Sven T. Marlinghaus, Partner, Leiter SCM & Procurement Consulting, KPMG und
Christian A. Rast, Partner, Leiter des globalen Center of Excellence Strategic Sourcing & Procurement, KPMG

---

9   Central and Eastern Europe

Demographischer
Wandel

Globalisierung

Deindustrialisierung

**Neue
Weltordnung**

Rohstoff
verknappung

Wertschöpfung

»Ohne Ordnung der Freiheit kann Globalisierung nicht gedeihen« – welchen Weg die globalisierte Welt nehmen wird

Gespräch mit Dr. Theo Waigel,
Bundesfinanzminister a. D.

Welche wirtschaftlichen und politischen Veränderungen prägen die Welt im Jahr 2030?

Es wird keine monolithische Welt mehr sein, sondern es wird eine multilaterale Welt sein. Natürlich werden die Vereinigten Staaten von Amerika auch in 15 Jahren noch eine wichtige Rolle spielen und wahrscheinlich die stärkste Wirtschaftsmacht sein, doch sie werden es nicht mehr allein sein. Dies gilt sowohl für das Bruttosozialprodukt und den Außenhandel als auch für die Währungsrelation. Die Zeit, in der ein amerikanischer Finanzminister auf die Frage »Wie geht's mit dem Dollar weiter?« antwortet: »It's my currency and your problem«, wird vorbei sein. Denn neben dem Dollar werden auch andere Währungen auf dem Markt eine wichtige Rolle spielen. Mit Sicherheit weiterhin der Euro, aber mit steigender Tendenz der Renminbi.

Wenn man sich vorstellt, dass sich gegenwärtig schon etwa 4.000 Milliarden Dollar im Portfolio des chinesischen Notenbankpräsidenten oder des chinesischen Finanzministers befinden und in welcher Größenordnung die Vereinigten Staaten von Amerika in China verschuldet sind, dann weiß man, dass die Ankündigung Chinas, in relativ kurzer Zeit seine Währung kompatibel machen zu wollen, kein Bluff ist, sondern Realität. Damit wird die chinesische Währung nicht nur eine regionale Währung, sondern eine Weltwährung. Daneben wird immer noch der Yen eine Rolle spielen sowie einige regionale europäische Währungen.

Zudem wird auch Indien von Bedeutung sein. Daneben auch mittel- und südamerikanische Staaten wie etwa Brasilien. Deshalb ist es auch richtig und notwendig, diese aufstrebenden Nationen und Kontinente innerhalb der G20 stärker zusammenzufassen. Es war absolut notwendig, aus der G7 zunächst eine G8 zu machen, mit Russland. Jetzt geht es darum, dass wir Asien, Südamerika und vielleicht auch Afrika stärker mit einbeziehen. Denn es ist nicht nur die Globalisierung, die nun schon seit 10 oder 15 Jahren eine wichtige Rolle spielt, sondern die Welt wird allmählich zum Dorf. Nur: Das Dorf hat keine Ordnung oder keine genügende Ordnung. Und das wird die entscheidende Frage der Zukunft sein: Welche Ordnung gibt sich diese globale Welt, was Finanzen, was Handel, was Zusammenarbeit der Währungen anbelangt? Da wird es notwendig sein, die Kräfte zu bündeln. Europa wird hier ganz sicher nicht mit 20 oder 30 verschiedenen Nationen auftreten können, sondern wird bei kleiner werdender Bedeutung angesichts der größer werdenden Wirtschaftsräume seine Rolle nur spielen können, wenn es seine Kräfte bündelt, seine gemeinsamen Interessen herausarbeitet und auch vertritt.

Wird der Euroraum auch im Jahr 2030 noch eine geschlossene Einheit bilden?

Ja, da bin ich ganz sicher. Denn Europa würde sich ja diminuieren, wenn es auseinanderfiele. Was sollte Europa bewirken können gegenüber den großen Wirtschaftsräumen in Nord- und Südamerika, gegenüber Asien oder auch gegenüber Afrika? Europa wäre ein Spielball der Weltpolitik, der Weltwirtschaft und der anderen Währungen. Insofern bin ich ganz sicher: Europa wird die Krise lösen. Kein Geringerer als Henry Kissinger hat das ganz einfach zum Ausdruck gebracht: »Ich weiß nicht, wie die Europäer das lösen, aber sie werden es lösen, da bin ich sicher.«

Darum glaube ich, dass Europa trotz aller Rückschläge, die auch weiterhin kommen werden, auf einem passablen Weg ist. Und dann wird sich die Frage stellen: Wie steht es um die Staatsschuld von Japan, wie steht es um die Staatsschuld der Vereinigten Staaten von Amerika? Ich glaube, dass Europa, wenn es seine Kräfte bündelt, aus dem Fokus der Negativbetrachtung herauskommt. Es wird wieder ein stärkeres Vertrauen in die europäische Politik und ihre Zukunft geben. Dazu gehört eine gemeinsame Währung, denn wenn Europa diese nicht verteidigt, dann wird es auf Dauer den Binnenmarkt nicht halten. Dann würde in Europa ein Wettlauf von Abwertungen und Aufwertungen, von Subventionen und Protektionen einsetzen, und wir würden uns international gegenüber den anderen großen Blöcken der Lächerlichkeit aussetzen.

Welchen Kurs schlägt die kontinentale Wirtschaftsentwicklung bis 2030 ein?

Es bilden sich neue Kraftzentren, immer in der Umgebung von erfolgreichen Ländern. Darum halte ich es durchaus für möglich, dass in Mittel- und Südamerika das, was Brasilien und auch was das eine oder andere Land an Erfolgen auf den Weg gebracht hat, Nachahmung findet. Ich glaube nicht, dass dies beim kubanischen Prinzip oder dem Prinzip von Chávez der Fall sein wird. Aber vor allen Dingen sehe ich das in Asien, wo Länder wie Indien und wohl auch Pakistan zeigen müssen, dass sie eine ähnlich positive Entwicklung einschlagen, wie es wahrscheinlich bei China weiterhin der Fall sein wird. Und dann muss Afrika aus seiner Krise herauskommen. Das ist natürlich im Moment noch der zersplitterte und von Bürgerkriegen verwüstete Kontinent. Aber es gibt auch hier meiner Meinung nach gute Ansätze, und die Welt, die Weltbank und auch wir in Europa sollten alles daransetzen, Stabilität nach Afrika zu exportieren. Was der frühere Bundespräsident Horst Köhler begonnen hat und was er auch innerhalb eines Mandats der UNO und anderer Gremien weiterverfolgt, das sollten auch wir mit großer Aufmerksamkeit beobachten. Denn Afrika ist für Europa natürlich ein sehr naher Kontinent, und die Entwicklung kann uns, auch angesichts jahrhundertelanger Verbindung, nicht gleichgültig sein.

Wie beurteilen Sie die Evolution des Rechts in der globalisierten Welt?

Das internationale Recht wird, so glaube ich, eine wesentliche Rolle spielen. Als ich Gymnasiast war, hat man über einen jungen Mann aus meiner Heimat, der sich dem Weltraumrecht gewidmet hat, gelächelt. Heute weiß ich: Das Lächeln war falsch. Der Mann hat eine unglaubliche Zukunft vorausgesehen, und das schon Ende der 50er Jahre, als gerade mal der Sputnik ins Weltall geschossen worden war. In den letzten zwei Jahrzehnten hat der Abbau von Zöllen im Rahmen von WTO[10] und OECD[11] eine wichtige Rolle gespielt.

Künftig werden es nicht tarifäre Handelshemmnisse sein, sondern vor allen Dingen das Recht. Wo ist das Recht ungleich, wo ist das Recht diskriminierend, wo wird es eingesetzt, um einen fairen Wettbewerb zu verhindern? Da werden das internationale Recht und seine Harmonisierung unter Berücksichtigung des nationalen Rechts und nationaler Interessen eine ganz wichtige Rolle spielen. Dabei wird natürlich auch der internationale Handel von zentraler Bedeutung sein: Woher soll das Wachstum der nächsten Jahrzehnte kommen? Wohl entscheidend über einen verstärkten Handel. Es wird geschätzt, dass darin 2 Prozent Wachstum liegen, was 2 Millionen Arbeitsplätze sein könnten. Allein das europäische Handelsabkommen oder die europäisch-transatlantische Kooperation könnten zu einem Wachstum in Europa von 0,5 Prozent führen. Aber das geht natürlich einher mit der Frage, ob das Recht überschaubar ist – das ist ganz besonders wichtig für

---

10 World Trade Organization
11 Organisation for Economic Co-operation and Development

die kleinen und mittleren Unternehmen. Die Großen können es sich leisten, große Rechtsorganisationen aufzubauen. Die kleineren Firmen sind darauf angewiesen, dass ihnen über Industrie- und Handelsgremien oder Außenhandelskammern geholfen wird. Das Wichtigste ist, diese Unternehmen nicht in einem Dickicht von unüberschaubaren Vorschriften untergehen zu lassen.

Das Geschäft vieler Unternehmen ist global, Kultur und Führungsetagen sind es oftmals nicht. Wird sich das ändern?

Also, ich bin ganz sicher, das wird sich ändern. Das muss sich nicht unbedingt darin äußern, dass man sich Leute aus aller Welt in den Vorstand holt. Aber die Leute, die man selbst im Management hat, die müssen international erfahren und ausgebildet sein. Das Erste ist: Sie müssen über Sprachkenntnisse verfügen. Es wird selbstverständlich sein, dass jeder, der in einer qualifizierten Beschäftigung im Businessbereich tätig ist, neben Deutsch und Englisch noch eine weitere Fremdsprache fließend spricht und damit in der Lage ist, sich auf anderen Kontinenten zu bewegen.

Das Zweite sind Auslandsaufenthalte: Unsere junge Generation beginnt doch damit. Ich, 1939 geboren, in den 40er und 50er Jahren zur Schule gegangen, hatte nicht die geringste Chance, mal ins Ausland zu gehen. Und auch im Studium ging es darum, so schnell wie möglich fertig zu werden, damit ich meinen Eltern nicht mehr auf der Tasche liege, das war das Entscheidende. Meine Kinder gehen einen ganz anderen Weg, und meine Enkel genauso. Die Mentalität wird sich ändern.

Stehen Compliance-Themen auch 2030 noch auf der Agenda von Wirtschaft und Politik?

Wir werden auch zu internationalen Gleichgewichten kommen in sensiblen Problemen wie zum Beispiel bei Compliance. Was viele noch nicht wahrhaben wollen: Bestechung und Korruption lohnen sich nirgendwo. Und Firmen, die konsequent aus ihren Fehlern lernen und sagen »Only clean business is our business, everywhere and everytime«, haben keinen Nachteil, sondern sogar Erfolg. Da ist es besser, mal auf das eine oder andere zu verzichten, um klar zu sagen: »Nein, wir machen das nicht!« Das wird nicht bedeuten, dass die Welt plötzlich aus Heiligen besteht. Natürlich wird es weiter Fehler und Korruptionsfälle geben. Doch die entscheidende Frage ist: Wie geht man damit um? Man schätzt die Korruptionsschäden der Welt auf jährlich 1 Billion Dollar. Man muss sich mal vorstellen, was man mit dem Geld vor allen Dingen in den schwierigen Kontinenten wie Afrika tun könnte. Da stecken riesige Reserven, die anders angelegt und anders verwendet werden könnten.

»Intellectual Property ist gemeinsame Vertrauenssache« – globale Waren- und Know-how-Ströme im Wandel

Gespräch mit Prof. Dr. Helmut Haussmann,
Bundeswirtschaftsminister a. D.

Welche globalen wirtschaftlichen Veränderungen werden wir bis 2030 erleben?

2030 ist eine mittelfristige Perspektive, viele Leute gehen ja heute schon auf 2050. Aber bis 2030 lässt sich zuerst natürlich sagen, dass die BRICS-Staaten zunächst durch ihr überdurchschnittliches Wirtschaftswachstum, im Gefolge dann aber auch durch mehr politischen Einfluss die Weltagenda stärker beeinflussen werden. Das bedeutet, es geht nicht nur vordergründig darum, wie wir durch mehr Exporte Wachstum generieren können, das wir in Alteuropa nicht mehr haben. Sondern es wird auch so sein, dass sich eine ganze Reihe von Wertschöpfungsketten nicht ins Ausland verlagern. Gleichzeitig wird aber weniger zusätzliches Investment in Alteuropa stattfinden. Dies wird mehr in den BRICS-Staaten getätigt.

Wobei es zwischen den BRICS-Staaten natürlich große Unterschiede gibt, da muss man bei Prognosen vorsichtig sein. Südafrika ist zum Beispiel völlig anders als Indien. Und eine China-Strategie kann man ebenso wenig auf Indien übertragen. Aber grosso modo sind wichtige Schwellenländer auf dem Weg zur Industrie: Sie ziehen ausländische Direktinvestitionen an und generieren dadurch mehr Wertschöpfung. Das hilft auch den alten Industriestaaten, praktisch auf Weltniveau weiter zu wachsen.

Wie wirkt sich das Wachstum der Schwellenländer konkret auf die deutsche Wirtschaft aus?

Die deutsche Wirtschaft ragt natürlich in Europa hervor. Das hat einmal damit zu tun, dass wir einen starken industriellen Kern immer behalten und gepflegt haben. In diesem Punkt sieht man heute die Schwäche Englands, das zu sehr finanzdienstleistungsorientiert ist. Wenn man einen industriellen Kern hat, dann hat man auch die Möglichkeit, zusätzliches Wachstum zu generieren. Große bekannte deutsche Marken, aber auch die »Hidden Champions« behalten ihre Kernfunktionen, wie Marktforschung, Forschung und Entwicklung, die Herstellung von sehr hochwertigen Geräten oder Maschinen, im Stammland Deutschland.

Aber zusätzliche Wertschöpfungskomponenten können und müssen Zug um Zug in die Wachstumsländer verlagert werden. Denn die Schwellenländer legen großen Wert darauf, dass nicht nur die alten Industriestaaten exportieren, sondern sie wollen auch Arbeitsplätze und Teile der Wertschöpfung erhalten. Ein Weg ist zum Beispiel ein hoher Anteil »Local Content«, wie zum Beispiel in der russischen Automobilbranche. Andere Länder sind hier offener. In China wiederum wird natürlich der Zwang zu Joint Ventures nach wie vor bleiben, denn China möchte nicht nur ein Absatzmarkt für andere Staaten sein, sondern muss pro Jahr zwischen 20 Millionen und 25 Millionen neue Arbeitsplätze schaffen. Daher legt die chinesische Regierung Wert auf Joint Ventures, um wie zum Beispiel im Flugzeugbau wesentliche Komponenten im eigenen Land herzustellen.

Insgesamt kann man sehr zufrieden sein mit der Aufstellung der deutschen Wirtschaft. Nicht nur die großen DAX-Unternehmen – die ja schon sehr früh in den Wachstumsländern waren – haben im Personalbereich dafür gesorgt, dass der Aufstieg in den Vorstand nur durch längere Erfahrung in den BRICS-Staaten möglich ist. Aber nicht nur große Unternehmen wie VW in China, sondern auch mittelständische, häufig familiengeführte Unternehmen sind sehr global aufgestellt. Sie wachsen dank dieser Schwellenmärkte zunehmend auch in Deutschland – behalten hier ihre Kernschöpfungsaktivitäten, generieren aber neues Wachstum in den Schwellenländern. Deutschland ist darin einzigartig.

Was muss die Politik tun, um die Wirtschaft in den nächsten 10 bis 20 Jahren zu unterstützen?

Ein entscheidender Punkt wird leider unterschätzt: nämlich zunächst einmal die Rahmenbedingungen im Handelsbereich optimal zu gestalten – sprich möglichst offene Märkte. Die Idee eines Freihandelsabkommens zwischen den USA und der EU ist zum Beispiel richtig. Das ist natürlich eine bilaterale Angelegenheit; ideal wäre ein gesamt globales, offenes Handelssystem, das Asien und später auch Afrika einschließt. Momentan gibt es den Trend zu bilateralen Abkommen, zum Beispiel USA mit Europa oder bestimmte asiatische Länder mit den Amerikanern.

Für unseren Mittelstand ist der Schutz von geistigem Eigentum (Intellectual Property) natürlich sehr wichtig, das ist praktisch die Wirtschaftsaußenpolitik.

Die Innenpolitik muss immer danach trachten, dass die Steuerpolitik Innovation fördert. Außerdem muss sie dafür sorgen, dass neben vernünftigen Tarifabschlüssen trotzdem Anreize für Nachfrage und Innovation bestehen, sodass die Lohnstückkosten im globalen Bereich günstig bleiben. Da haben in der Vergangenheit gerade Gewerkschaften und Arbeitgeber in Deutschland viel Vernünftiges geleistet.

Was sind aktuell und bis 2030 die größten Herausforderungen beim Global Sourcing?

Ein aktuelles Thema sind natürlich die Seltenen Erden. Und am Beispiel der Firma Putzmeister sieht man, dass Global Sourcing auch viele weitere Implikationen hat. Die Chinesen kaufen eben nicht kurzfristig nur ein Produkt, um praktisch die gesamte Produktion nach China zu verlagern. Sondern sie kaufen Know-how, Ingenieurleistungen, Branding, Namen, Dienstleistungen, die das ergänzen, was man in China schon kann. Wir sollten daher gerade auch unter jungen Leuten viel mehr Begeisterung dafür wecken, dass diese globale Wirtschaft letztendlich unglaublich viele Chancen bietet. Man kann zum Beispiel in Deutschland für eine chinesisch-indische Firma arbeiten; man kann aber auch mit der entsprechenden Ausbildung für eine deutsche Firma in den Schwellenländern arbeiten. Wichtig wird jedoch sein, dass auch die Firmen sich mental noch mehr öffnen. Das bedeutet, dass sie mehr Führungskräfte aus Schwellenländern in ihre Boards integrieren – da gibt es nicht nur in Deutschland noch großen Nachholbedarf. Denn die Denkweise der interkulturellen Verhaltensweisen können Unternehmen nicht durch Trainings nur adaptieren. Sie müssen sich auch in den Führungsgremien für Manager mit anderen kulturellen und religiösen Wurzeln öffnen.

Wie kann sich die deutsche Wirtschaft im globalen »War for Talents« behaupten?

Man sollte bei der Ausbildung beginnen. Da sind bereits Fortschritte zu sehen, beispielsweise bei der Internationalisierung von Hidden Champions aus der Wirtschaft mit Partneruniversitäten in China und Indien. Dort erhalten nicht nur Chinesen oder Inder Wissen aus Deutschland, sondern es eröffnen sich auch für deutsche Studenten durch Praktika und Studienabschlüsse ganz neue Perspektiven. Diese Kräfte sind natürlich sehr gefragt: Es gibt mittelständische Firmen, die praktisch Familienpartnerschaften organisieren. Die mittlere Führungsebene aus China oder Indien verbringt dann eine längere Zeit bei deutschen Familien.

Diese Familienbande sind sehr stark – nicht nur was die Wirtschaft angeht, sondern auch die Familie und die Denkweise.

Damit sind wir aber erst am Anfang. Ein Problem ist nach wie vor der Eurozentrismus: Sehr viele Menschen im Westen haben immer noch die Illusion aus der Vergangenheit, dass wir die führende Wirtschaftsmacht sind. Sie unterschätzen, dass sich das schon geändert hat und dass eben beispielsweise Länder wie China und Indien um 1850 bereits eine sehr viel höhere Wirtschaftsleistung erbracht haben als Europa und Amerika. Die BRICS-Staaten sind keine Entwicklungsländer alter Art ohne Geschichte, ohne wirtschaftliches Know-how. Gerade China und Indien sind zwei jahrtausendealte Kultur- und Wirtschaftsnationen. Das zu akzeptieren, sich damit zu beschäftigen, sich deren Denk- und Verhaltensweisen anzueignen, ist ein entscheidender Wettbewerbsvorteil. Der Westen wird auf Dauer scheitern, wenn er mit kurzfristigen Managementkursen zu Benimmregeln oder anderen Dingen glaubt, er könnte in diesen Ländern die Menschen überzeugen, dass sie uns vertrauen und dass sie uns wesentliches Eigentum, Intellectual Property, übertragen. Das ist eine gemeinsame Vertrauenssache. Darin hat der Westen eigentlich mehr zu geben als Asien. Es gibt heute schon sehr viel mehr Asiaten, die Deutsch und Englisch besser beherrschen als wir deren Sprache.

»Wir müssen den Innovationsbegriff weiter fassen« – wie die Wertschöpfung in Europa erhalten bleibt

Gespräch mit Dr. Hans-Joachim Haß, Abteilungsleiter für Wirtschafts- und Industriepolitik, Bundesverband der Deutschen Industrie e. V. (BDI)

Mit welchen Megatrends sieht sich die deutsche Wirtschaft konfrontiert?

Ich sehe vor allem drei Trends. Zum Ersten der demografische Wandel, der von zwei völlig separaten Entwicklungen geprägt ist: Auf der einen Seite wächst die Weltbevölkerung sehr stark. Wenn es gelingt, das Wachstum der Weltbevölkerung und damit deren wachsende Bedürfnisse in eine Marktnachfrage zu transformieren, wären diese gigantischen Marktvolumina für die deutsche Industrie als Absatzmärkte sehr relevant. Auf der anderen Seite ist die Entwicklung in den hoch entwickelten Industrieländern gegenläufig – eine in der Regel schrumpfende und alternde Bevölkerung. Dies trifft auch die deutsche Wirtschaft negativ – Stichwort Fachkräfte- und Nachwuchsmangel.

Der zweite Trend ist das Thema Rohstoffe und Ressourcen, deren Verknappung und der Zwang zur Effizienzsteigerung. Eine Domäne der deutschen Industrie auf den Weltmärkten ist bereits, ressourceneffiziente, energiesparende Technologien und Produkte anzubieten.

Ein weiterer wichtiger Trend – Schlagwort Globalisierung – ist das Hineinwachsen der großen bevölkerungsstarken Schwellenländer in die weltwirtschaftliche Arbeitsteilung. Die Angleichung im Produktivitäts- und Wohlstandsniveau an die hoch entwickelten Industrieländer ergibt gigantische Potenziale und Märkte, aber auch intensivere Konkurrenz für unsere heutigen Industrieunternehmen.

Muss man auch in Deutschland eine Deindustrialisierung befürchten?

In Europa sind eine ganze Reihe von ehemals hoch entwickelten Industrieländern den Weg der Deindustrialisierung gegangen. Wenn wir in Deutschland nicht permanent den kleinen Innovationsvorsprung halten, besteht auch hierzulande diese Gefahr. Die Erfahrung der letzten Jahre belegt ja, dass man auch gegen den Trend industrielle Wertschöpfung aufbauen kann.

Wie entwickelt sich die Wertschöpfung am Standort Deutschland?

Zunächst sind es die höherwertigen Glieder der Wertschöpfungskette, die in Deutschland eine Chance haben, etwa Forschung und Entwicklung, Design, Logistik bis hin zum Einkauf. In Zukunft wird es wahrscheinlich nicht mehr nur darum gehen, wirklich gute Produkte zu verkaufen. Was die Märkte zunehmend verlangen, sind Problemlösungsangebote. Die Problemlösung besteht im Kern aus einem industriellen Produkt, etwa aus einer Maschine, flankiert von einem ganzen Kranz begleitender Dienstleistungen, die als Paket angeboten werden.

Sehen Sie die Gefahr einer Rohstoffverknappung für die deutsche Industrie?

Viele Unternehmen aus Industrieländern haben ihre eigenen Rohstoffaktivitäten im Laufe der Zeit aufgegeben. Nun haben sich die Rahmenbedingungen drastisch verändert, die Schwellenländer drängen in die Industrialisierung hinein, mit einem gigantischen Rohstoffbedarf. Hinzu kommt: Rohstoffe sind eine Anlagekategorie an den internationalen Finanzmärkten, zu der industriell steigenden Nachfrage kommt also eine finanzmarktgetriebene Nachfrage hinzu. Noch entscheidender als die Preisfrage ist allerdings die grundsätzliche Verfügbarkeit von Rohstoffen für den Produktionsprozess und damit für die Wertschöpfung.

Es gilt, die Märkte offen zu halten; hier ist vor allem die Politik gefragt. Es gilt, etwa China davon zu überzeugen, dass es langfristig von offenen Märkten profitiert. Wenn China sein Wohlstandsniveau heben will, unter anderem durch Austausch mit dem Ausland, dann muss es auch Raum dafür lassen, dass Wertschöpfung in anderen Teilen der Welt stattfinden kann.

Reicht die technologische Innovationsfähigkeit der deutschen Industrie auch in Zukunft aus?

Die Zuverlässigkeit und die Funktionsfähigkeit, die man mit deutschen Produkten verbindet, haben sicherlich mit einer im Grundsatz technischen Orientierung der deutschen Industrie zu tun. Ob das für die Zukunft ausreicht, da würde ich gewisse Zweifel anmelden. Ich denke, man muss mit Blick auf die Märkte der Zukunft den Innovationsbegriff weiter fassen. Die Frage wird nicht nur sein, was technisch möglich ist, sondern auch in welche Richtung sich die Märkte und die Bedürfnisse der Kunden entwickeln.

Genügt eine hohe Exportquote in einer globalisierten Wirtschaftswelt?

Noch ist der dominierende Transmissionskanal, über den wir uns die Globalisierung erschließen, der Export. Aber hier hat sich meiner Meinung nach in den letzten Jahren eine ganze Menge geändert. Unternehmen, auch aus dem industriellen Mittelstand, wenden sich mit eigenen Produktionskapazitäten neuen Märkten zu. Die großen und schnell wachsenden Märkte der Welt verlangen das auch, einmal aus logistischen Erwägungen. Zum anderen fordert die politische Ebene dort, dass Produktion und Wertschöpfung zum Teil in diese Länder verlagert werden.

Wo sehen Sie die entscheidenden Herausforderungen der Zukunft?

Die politische Kernaufgabe ist, hierzulande Standortbedingungen für eine nachhaltige Wertschöpfung zu sichern. Für das Entrinnen aus der »demografischen Falle« gibt es keinen Königsweg. Es gilt, alle Potenziale zu nutzen, etwa das Bildungssystem zu optimieren, ältere Menschen länger im Produktions- und Wertschöpfungsprozess zu halten, Frauen besser ins Wirtschaftsleben zu integrieren, die Vereinbarkeit von Familie und Beruf zu stärken und gezielte Zuwanderung zu ermöglichen.

Vom Exportweltmeister zum Globalisierungsweltmeister

In den vergangenen Jahrzehnten gehörte Westeuropa neben den USA zu den unangefochtenen Exportweltmeistern. Und immerhin: Deutschland, Österreich, die Niederlande und die Schweiz sind heute noch – gemessen an ihrer Bevölkerung oder ihrem BIP – herausragend, was ihre Exportstärke betrifft. Konzerne, aber insbesondere auch der Mittelstand spielen souverän mit im globalen Wettbewerb. Diese Unternehmen tragen wesentlich dazu bei, die Volkswirtschaften ihrer Heimatländer gesund zu halten – trotz niedriger Wachstumsraten, trotz Eurokrise, trotz ungünstiger demografischer Entwicklung.

Westeuropäische Produkte und zunehmend auch Dienstleistungen sind weltweit begehrt. Von Brasilien über den Heimatmarkt bis nach Russland und China machen westeuropäische Unternehmen gute Geschäfte, insbesondere der Mittelstand hat in den vergangenen Jahren seine Wettbewerbsfähigkeit und seine Exportquote stark erhöht. Währungsunion, Freihandel, digitale Vernetzung der Welt – kaum eine andere Region hat vom Zusammenrücken der Welt so deutlich profitiert. In den vergangenen 50 Jahren hat der Welthandel um 1.450 Prozent zugenommen – dreimal mehr als die Weltproduktion. Der nominale Wert der weltweit exportierten Waren beträgt heute mehr als 16 Billionen Dollar. Westeuropa hat an diesem gigantischen Handelsvolumen einen Anteil von über 40 Prozent. Noch deutlicher ist die Dominanz Europas beim Blick auf den Dienstleistungsexport: Hier liegt sein Anteil bei mehr als 50 Prozent. Diese Zahl beeindruckt umso mehr, als sich der Anteil Europas an der Weltbevölkerung in den letzten Jahrzehnten um rund 40 Prozent verringert hat.[12]

Globale Wertschöpfungsketten unter Druck

Gleichzeitig stellen aber die starke Exportausrichtung und die industrielle Struktur der wirtschaftsstärksten Länder Europas, allen voran Deutschland, auch hohe Anforderungen, insbesondere an die globalen Einkaufs- und Logistiknetzwerke. Eine wesentliche Herausforderung liegt heute in der massiven Zunahme der Marktvolatilität und einer deutlich höheren Frequenz der Markt- und Konjunkturzyklen. Lieferanten, Rohstoffe, Wettbewerbsintensität und Kunden weisen dabei eine besonders hohe Veränderungsdynamik auf und sind aus der Pers-

---

12 World Trade Organization, World Trade Statistics, verschiedene Jahrgänge

pektive des Supply-Chain-Managements potenzielle Krisenherde. Erschwerend kommt hinzu, dass sowohl häufiger mit exogenen Schocks als auch mit deutlich größeren Auswirkungen solcher Schocks, verursacht insbesondere durch den globalen Aktionsradius und die hohe Integration der Wertschöpfungsketten, gerechnet werden muss.

Die Unsicherheiten betreffen jedoch nicht nur konjunkturelle Faktoren. Auch die Gewährleistung der Versorgungssicherheit ist für die industriell ausgerichtete Exportwirtschaft von entscheidender Bedeutung. Gerade dort, wo technologische Innovationen für die Verteidigung des Champion-Titels sorgen sollen, ist die Lage prekär: Bei Elektromobilität oder der Gewinnung erneuerbarer Energien ist die Verfügbarkeit seltener Rohstoffe ein zentraler Unsicherheitsfaktor. Ein weiterer Aspekt ist die Fragilität der Wertschöpfungsketten. Geopolitische Faktoren, Naturkatastrophen und finanzielle Schieflagen bei strategischen Lieferanten können globale Netzwerke ins Wanken bringen – wie die Katastrophe von Fukushima oder die Jahrhundertflut in Thailand gezeigt haben.[13]

Wie gut sind westeuropäische Unternehmen für diese Herausforderungen gerüstet? Einerseits wird die steigende Bedeutung des Supply-Chain-Managements für den unternehmerischen Gesamterfolg durchaus erkannt und äußert sich in immer engerer Vernetzung mit anderen Unternehmensbereichen. Auch wird die Entwicklung einer Supply-Chain-Strategie zunehmend als Aufgabe der Unternehmensführung verstanden. Allerdings spiegelt sich diese Bedeutung noch nicht ausreichend in der Organisation wider: Bei vielen Unternehmen besteht klarer Handlungsbedarf hinsichtlich der Integration funktionaler Strategien in eine übergeordnete Supply-Chain-Strategie auf Gesamtunternehmensebene.

Auch im Hinblick auf die Wertschöpfungspartner ergibt sich kein eindeutiges Bild: Zwar werden in den meisten mittelständischen Unternehmen die Einbindung von Lieferanten in die Optimierung der Supply-Chain und strategisches Lieferantenmanagement als die wichtigsten Hebel betrachtet, um in volatilen Märkten zu bestehen und besser auf exogene Schocks vorbereitet zu sein. Gleichzeitig haben die Ereignisse der letzten Jahre auch deutliche Verbesserungspotenziale und ungenutzte Chancen bei der Integration der Partner gezeigt. Das betrifft insbesondere auch das Financial-Supply-Chain-Management: Lediglich knapp 70 Prozent der mittelständischen Unternehmen verfügen über ein Financial-Risk-Management-System, und nur eine Minderheit ist in der Lage, den Einfluss des Supply-Chain-Managements auf zentrale finanzielle Indikatoren zu quantifizieren. Damit fehlt die Transparenz, die gerade in volatilen und dynamischen Märkten von kritischer Bedeutung ist.[14]

---

13 Verband der Automobilindustrie e. V., VDA Jahresbericht, 2012
14 Von der Gracht, H.; Darkow, I. et al.: *Atmende Supply Chains – Wie gut ist Deutschlands gehobener Mittelstand auf volatile Märkte vorbereitet?*, Wiesbaden, 2010

Globalisierungsweltmeisterschaft erfordert globale Entscheidungsnetzwerke

Ein weiterer kritischer Faktor für die westliche Industrie ist die Kumulation der Kompetenzen und Entscheidungsmacht in den Heimatländern, während teilweise bis zu 80 Prozent der Rohstoffe, Vorprodukte und auch Innovationen im Ausland zugekauft werden. In Asien, Osteuropa oder Südamerika werden die Supply-Chains weitgehend zentralistisch gesteuert: Häufig agieren acht von zehn strategischen Einkäufern von ihrem Heimatland aus. Management by fly-in and fly-out kann jedoch nicht der richtige Weg sein, um eine tiefe Vernetzung in den zentralen Sourcing-Regionen zu erreichen, lokale Trends zu verstehen und neue Chancen und Gefahren frühzeitig zu erkennen – Globalisierungsweltmeister wird man mit diesem Ansatz nicht. Eine starke Verlagerung der fachlichen Kompetenzen und Entscheidungsrechte in die Sourcing-Regionen ist deshalb unabdingbar. Nicht zuletzt weil die vormaligen Sourcing-Regionen heute auch die wichtigsten Absatzmärkte sind – etwa China als Garant des nachhaltigen Erfolgs der deutschen Premium-Automobilindustrie. Die Ausrichtung der Entscheidungsstrukturen und die Allokation der Ressourcen im Supply-Chain-Management müssen die tatsächliche Bedeutung der Regionen nachvollziehen und einer langfristigen Strategie folgen, die beispielsweise auch die »explorative« Präsenz in künftigen Wachstumsregionen der Welt einschließt.

Besondere Schwächen offenbaren sich auch bei der Gewinnung und Entwicklung von High Potentials für das Supply-Chain-Management, was angesichts der Bedeutung und Kritikalität des Themas mehr als besorgniserregend ist: Ein großer Teil der Exportunternehmen verfügt nicht über eine konsistente und langfristig ausgerichtete Strategie, um starke lokale Teams aufzubauen und zu entwickeln. Es fehlen Budgets, es fehlen methodische und didaktische Ansätze, es fehlen angemessene und an lokale Anforderungen angepasste Anreizsysteme. Hier besteht dringender Handlungsbedarf, der mit Blick auf die kommenden Jahre wesentlich darüber entscheiden wird, ob Westeuropa beim Kampf um die Globalisierungsweltmeisterschaft erfolgreich sein wird.

Vor diesem Hintergrund wird deutlich, dass reine Exportexzellenz nicht ausreicht, um langfristig eine führende Rolle zu spielen. Erst umfassende globale Vernetzung sowie der Austausch von Waren, Dienstleistungen, Kapital, Informationen und Menschen schaffen eine stabile Grundlage für langfristiges Wachstum – eine Einschätzung, die auch von neuesten wissenschaftlichen Arbeiten bestätigt wird.[15] Nachhaltiger Globalisierungserfolg ist auch eine genuine

---

15 Ghemawat, P., Altman, S.: DHL Global Connectedness Index 2012

Frage des Imports und Einkaufs[16] – der genauso intensiv und professionell organisiert und mit Ressourcen und Kompetenzen ausgestattet werden muss wie der Export.

Export-
Weltmeister

Globalisierungs-
Weltmeister

Eine solide Basis

Die Gründe dafür, dass Westeuropa bislang seine Rolle in der globalisierten Wirtschaft erhalten konnte, liegen nicht zuletzt in der Arbeit, die seit Ausbruch der Lehman-Krise erfolgreich erledigt worden ist. Die Mehrheit der Unternehmen hat interne Abläufe und Strukturen den globalen Trends angepasst oder ist im Begriff, dies zu tun. Sie setzen zunehmend auf innovative Planungstechniken, um komplexe Marktentwicklungen besser zu verstehen und auf Schocks vorbereitet zu sein. Die Prozess- und Kostenstrukturen wurden, insbesondere im Hinblick auf die Flexibilität und Adaptivität der Supply-Chains, deutlich verbessert, ebenso wie die Fähigkeiten, Ressourcen zu flexibilisieren, um auf Schwankungen auf Absatz- und Beschaffungsmärkten reagieren zu können. Auch haben die Unternehmen, vor allem im gehobenen Mittelstand, erkannt, dass erst eine starke lokale Präsenz und enge Interaktion mit lokalen Märkten nachhaltigen Erfolg sichern können, und haben ihre Globalisierungsstrategien entsprechend angepasst: Sie sind gut gerüstet, um in globalen Märkten die Supply-Chain-Ressourcen und -Strukturen lokal umzusetzen und die Balance zwischen der Durchsetzung zentraler Strategien und ihrer lokalen Adaption zu erhalten. Sie

---

16 Ebenda

verfügen damit über eine gute Ausgangsbasis, um sich in den wichtigsten Märkten der nächsten Jahre als Exporteur eine starke Position zu erarbeiten und diese mit stabilen und performanten Supply-Chain-Organisationen abzusichern, die über die notwendigen Ressourcen, Rechte und Kompetenzen verfügen, um mit den Rising Stars der neuen Weltordnung mitzuhalten. Das ist mit Blick auf die nächsten zehn Jahre die Voraussetzung für ökonomischen Erfolg. Der Titel des Exportweltmeisters reicht nicht – die Globalisierungsweltmeisterschaft hat gerade erst begonnen.

Sven T. Marlinghaus, Partner, Leiter SCM & Procurement Consulting, KPMG
und
Christian A. Rast, Partner, Leiter des globalen Center of Excellence Strategic Sourcing & Procurement, KPMG

2. Vernetzte Wertschöpfung

Trend Insight

In der Netzwerkgesellschaft gelten für Unternehmen neue Regeln. Die integrierte Wertschöpfungskette der Vergangenheit entwickelt sich zur Network-Value-Chain. Dies bedeutet, dass die Wertschöpfung von Unternehmen nicht mehr innerhalb einer geschlossenen Struktur funktioniert, sondern in einem offenen Netzwerk. Produktentwicklung und Innovation werden dabei über weltweite kollaborative Netzwerke aus Experten, Kunden, Unternehmen und sogar Konkurrenten abgewickelt.

Denn in dem Maße, wie die Welt immer vernetzter wird und sich Märkte und Technologien immer schneller wandeln, müssen Unternehmen ihre Prozesse verstärkt nach außen hin öffnen. In einer immer komplexeren und unberechenbareren Gegenwart werden Kooperationen und strategische Partnerschaften zur Voraussetzung, um sich erfolgreich am Markt zu behaupten. »Open Innovation« und »Coopetition« heißen deshalb die Paradigmen, in denen heute Wertschöpfung entsteht.

Open Innovation bedeutet, offene Plattformen zu schaffen, auf denen externe Partner zur Wertschöpfung beitragen können. Social Media stellen hierfür eine wichtige Grundlage dar. Über Crowdsourcing-Plattformen im Internet beispielsweise können Unternehmen Wissen und Ideen sammeln, um diese dann intern für die Innovationsentwicklung zu verwenden. Co-Creation geht einen Schritt weiter. Unternehmen schaffen aktiv die Möglichkeit, neue Produktideen vorzuschlagen, oder rufen dazu auf, sich an der Verbesserung eines bestehenden Angebots zu beteiligen. Besonders im Fokus stehen dabei die Kunden. Indem diese unmittelbar in den Entwicklungsprozess einbezogen werden, entstehen Produkte und Dienstleistungen, die genau auf ihre Bedürfnisse abgestimmt sind. Für die Kunden erfüllt sich damit der Wunsch nach individuellen, personalisierten Konsumerlebnissen. Die Partizipations- und Gestaltungsmöglichkeiten des

Internets haben bei den Kunden die Erwartungshaltung erzeugt, auch auf die Angebote eines Unternehmens kreativen Einfluss nehmen zu können.

Auf der Co-Creation-Plattform Jovoto.com[17] etwa loben große Unternehmen Geldpreise für die Entwicklung neuer Produkte oder Verpackungsdesigns aus. Coca-Cola beispielsweise veranstaltete einen Wettbewerb zum Design seiner Coke-Zero-Flaschen. Vor kurzem ließ dort die Hotelkette Marriott das »Hotelzimmer der Zukunft« entwerfen; Preisgeld in diesem Fall: insgesamt 15.000 Dollar.[18] P&G Connect and Develop[19] ist ein Beispiel für eine von einem Konzern betriebene Co-Creation-Plattform. Dort können Einzelpersonen oder Organisationen Ideen und Entwicklungen an Procter & Gamble herantragen. Zu den vielen erfolgreichen Ergebnissen zählt etwa die »Pulsonic Toothbrush«, eine Ultraschallzahnbürste, die zusammen mit einem japanischen Partner in weniger als einem Jahr auf den Markt gebracht wurde.[20]

Co-Creation kann ganze Produkt-Ökosysteme schaffen. Kinect, das bewegungsbasierte User-Interface für Microsofts Spielekonsole Xbox 360, wurde sofort nach Erscheinen massiv gehackt und für völlig andere Zwecke eingesetzt.[21] Microsoft ging zunächst gegen die Hacker vor – bis klar wurde, dass die neuen Anwendungen positive Publicity schufen.[22] Mittlerweile verdient Microsoft Geld damit, eine ausdrücklich für Zweckentfremdungen bestimmte, mit Lizenzbedingungen versehene Version zu verkaufen.[23] Die Kinect-Hacks haben somit das ursprünglich geschlossene System in eine offene Innovationsplattform verwandelt.

Neben Open Innovation lenkt die Netzwerkökonomie den Blick auf eine andere Form der Innovation: die Kooperation. »Coopetition« heißt es heute, wenn konkurrierende Unternehmen auf gewissen Feldern zusammenarbeiten, während sie auf anderen scharfe Konkurrenten bleiben. Vorteile sind etwa Einsparungen für Forschung und Entwicklung oder die gemeinsame Nutzung von Vertriebsressourcen. Solche Synergieeffekte zu nutzen wird heute immer wichtiger.[24] In Unternehmen wächst vermehrt die Bereitschaft, Ressourcen und Expertenwissen zu teilen, um gemeinsam Lösungen zu entwickeln – zum Wohle aller beteiligten Marktplayer.[25]

---

17 http://www.jovoto.com
18 http://www.jovoto.com/projects/room-2022/landing
19 http://www.pg.com/connect_develop/index.shtml
20 http://www.pg.com/connect_develop/cd_success_stories.shtml
21 http://www.pcworld.com/article/217283/15_radical_kinect_hacks.html
22 http://mashable.com/2010/11/20/microsoft-kinect-hacks/
23 http://www.nytimes.com/2012/06/03/magazine/how-kinect-spawned-a-commercial-ecosystem.html?pagewant-ed=all&_r=1&
24 http://www.fastcodesign.com/1669718/in-innovation-today-the-smartest-companies-collaborate-with-enemies
25 http://www-07.ibm.com/services/pdf/the_value_of_relationships_in_the_networked_economy.pdf

Wie gut Coopetition funktionieren kann, zeigt sich etwa in der Automobilbranche. Ein erfolgreiches Beispiel ist die Kooperation zwischen PSA Peugeot Citroën und Toyota: Die Automobilgiganten entwickelten gemeinsam die Komponenten für ein kompaktes Stadtauto, das dann zeitgleich als Peugeot 107, Toyota Aygo und Citroën C1 verkauft wurde.[26] Durch die Kooperation sparten die Konzerne bei den Entwicklungskosten und profitierten vom Know-how-Transfer. Gemeinsam konnten sie so den Markt für Stadtautos ausbauen. Für die Kunden blieb aber dennoch der Vorteil, zwischen mehreren preisgünstigen Alternativen wählen zu können.

Coyote Logistics aus Chicago schließlich bietet einen Logistikservice an, bei dem sich konkurrierende Unternehmen die Flottenkapazität teilen können:[27] Es vermittelt den freien Frachtraum von Transport-Lkw, die nach der Anlieferung ansonsten unbeladen zu ihrem Ursprungsort zurückfahren würden, an andere Unternehmen. So werden Leerfahrten vermieden, wodurch alle beteiligten Unternehmen ihre Kosten verringern. Zusätzlich wird das Verkehrsaufkommen reduziert, sodass auch die CO_2-Bilanzen geringer ausfallen.

Heute sehen wir lediglich die ersten Ausprägungen der Networked Value Creation. In Zukunft werden Unternehmen noch mehr als bisher ihre Wertschöpfung in Form eines Netzwerks strukturieren müssen, wollen sie im Markt erfolgreich sein. Unternehmen müssen sich als offene Plattform verstehen und die Kunden als vollwertigen Partner im Innovationsprozess begreifen. Dasselbe gilt, trotz allen Wettbewerbs, auch für Kooperationen mit der Konkurrenz. Denn der Unternehmenserfolg hängt immer stärker von der Erschließung neuer Märkte ab. Ziehen Konkurrenten am selben Strang, kann es sich für alle beteiligten Player lohnen.

Die vernetzte Wertschöpfung bedingt, dass Unternehmen einen Teil ihrer Kontrolle über Marke und Produkte abgeben. Sogar bis zu dem Punkt, an dem ein Unternehmen in einem ganz neuen Kontext oder in einer anderen Branche auftaucht. Dies erfordert viel Mut. In der vernetzten Welt der Zukunft ist die stetige Erneuerung aber Grundvoraussetzung für nachhaltigen Markterfolg.

Max Celko,
freier Trendanalyst für TrendONE

---

26 http://en.wikipedia.org/wiki/Coopetition
27 http://www.chicagoinnovationawards.com/winner/coyote/?y=2012

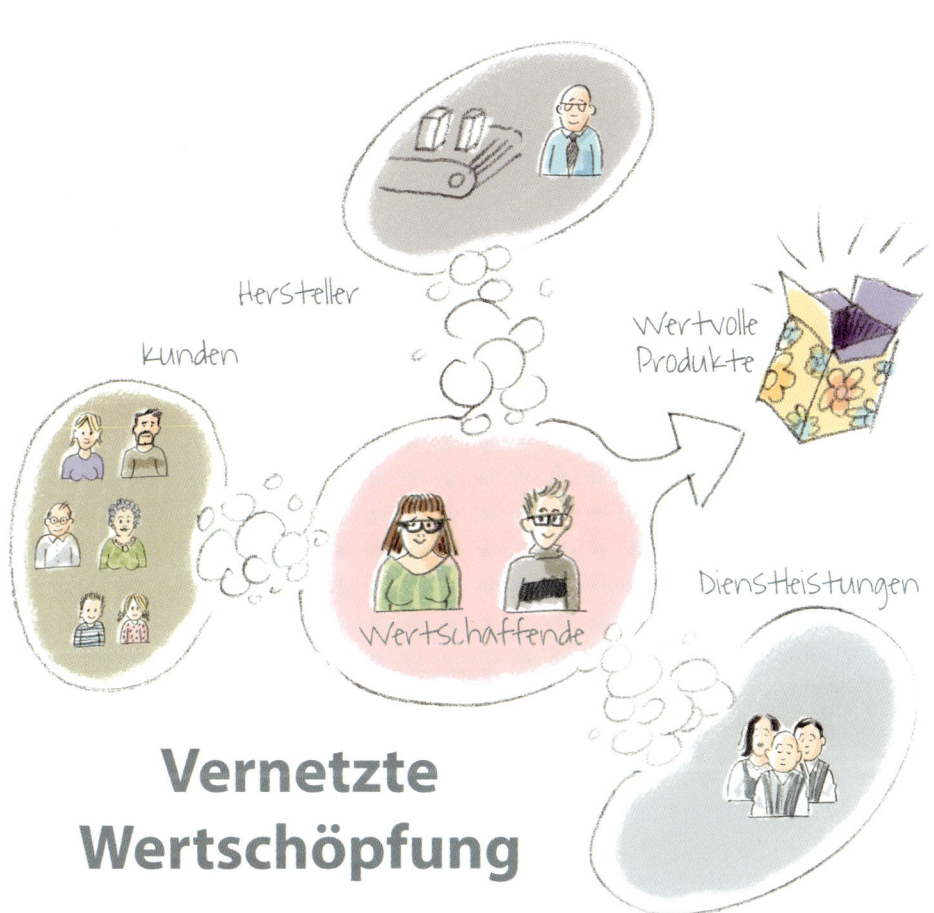

Hersteller

Kunden

Wertvolle
Produkte

Dienstleistungen

Wertschaffende

Vernetzte
Wertschöpfung

»Mobilität muss aus Kundensicht gedacht werden« – wie Netzwerkökonomie in der Mobilitätsbranche funktioniert

Gespräch mit Maxim Nohroudi,
Gründer und CEO, Waymate

Was ist die Idee hinter Waymate?

Wir haben gemerkt, wie schwierig es ist, eine optimale Reise zusammenzustellen, sowohl auf der Langstrecke als auch auf der Kurzstrecke. So hatten wir 2010 die Idee, alle Reisemöglichkeiten von A nach B – sei es mit dem Flugzeug, dem Zug oder mit dem Bus, aber auch in der Stadt via U-Bahn, Straßenbahn, Taxi, Car-Sharing – auf eine Plattform zu bringen und nutzerorientiert zu sortieren. Wenn ich schnell, günstig oder ökologisch von A nach B möchte, sehe ich sofort, welche Möglichkeiten ich habe, kann diese vergleichen und kombinieren. Und das sowohl auf dem mobilen Endgerät – es liegt ja auf der Hand, dass man so ein Reisethema auf dem mobilen Endgerät abbildet – als auch in einer smarten Desktopversion, da viele Reisen eben immer noch ganz klassisch im Internet gebucht werden. Hier haben wir angesetzt, das war die Idee.

Welche Rolle spielen Crowdfunding und Crowdsourcing für Waymate und die Mobilitätsbranche?

Als wir anfingen und die klassische Seed-Finanzierung brauchten, gab es das leider noch nicht. Wir wären absolut ein Case gewesen, der da Sinn gemacht hätte. Denn das, was wir tun, ist einer breiten Masse verständlich, es ist kein spezialisierter Case. Ich glaube, dass ist auch noch immer ein Downside: Damit es eine Crowd versteht, müssen die Fälle nachvollziehbar sein. Es gibt aber viele Fälle, die Spezialwissen voraussetzen. Doch es gibt eben auch genügend andere Fälle, bei denen guter Menschenverstand ausreicht. Für Letztere ist Crowdfunding eine ganz fantastische Form, um eine Finanzierung auf die Beine zu stellen. Denn in Deutschland ist die Frühfinanzierungsphase absolut unterversorgt. Auch wenn viele sagen: »Nein, das ist gar kein Problem.« Ich sitze auf vielen Veranstaltungen, wo ich höre: »Also, wenn du eine gute Idee hast, fällt das Geld wie Manna vom Himmel.« Das halte ich für einen Trugschluss, das ist mitnichten so. Insofern gibt es viele Vorteile, die Crowdfunding mit sich bringt, die auch alle überwiegen. Es gibt einen kleinen Nachteil, und der ist, dass der Investor in bestimmter Weise abstrakt ist – er ist unsichtbar. Er ist also auch nicht da, um ein junges Team zu coachen und Sparringspartner zu sein.

Crowdsourcing ist ein Thema, das wir uns genau anschauen. Wir stellen uns auch die Frage, welche Herausforderung das Thema für uns und auch die Reisemobilitätsbranche bedeutet. Hier sehen wir mit »Rate Your Route – Bewerte deine Route« einen ganz spannenden Bereich. Heute erstellen »die Großen« die Routen: Sie sagen dir, wie du am besten von A nach B kommst. Wir denken, dass sich das in Zukunft ändern wird. In Zukunft wird Crowdsourcing in der Erstellung von optimalen Routen und Kombinationen eine enorme Rolle spielen. Das heißt, dass wir einfangen werden, wie die Masse letztlich bewertet, welches die beste Kombination und welche die beste Verbindung ist. Und das wird schon ein enormer Wandel sein. Genauso wie heute auch Verkehrslagen wie Störungen, Staus, Verspätungen natürlich sehr stark über die Produzenten, also Bahn, Flughäfen et cetera kommuniziert werden, wird es da neue Produktionskanäle geben, in denen die Kunden sagen: So und so sieht es aus. Sie werden damit Mobilitätsströme und Mobilitätsketten verändern. Es ist doch ganz spannend, wenn ich weiß, dass die U2 in Berlin dicht ist und dass diese Information über die Kunden, über die Mitfahrer, in ein System eingespeist wird. Die User können darüber dann Mobilitätsanfragen auf andere Verkehrsmittel steuern und sagen: Die U-Bahn ist im Moment überfüllt; überleg dir, ob du jetzt Car-Sharing nutzt oder ob du es zumindest zeitlich einkalkulieren kannst, dass es jetzt länger dauert. Wir glauben, dass es auf die Mobilitätsketten einen enormen Einfluss haben wird und dass wir hier erst ganz am Anfang stehen. Denn auch im Mindset der Produzenten der Airlines, der Eisenbahnbetreiber, der ÖPNV-Betreiber ist es natürlich immer noch so – auch nachvollziehbar: Wir stellen dir die Route zur Verfügung, und du entscheidest, ob du sie nimmst. Und ich denke, diese Vorstellung wird sich durch Crowdsourcing in den nächsten Jahren enorm verändern.

Welche Megatrends werden den Bereich Mobilität im Kontext der Digitalisierung prägen?

Mobilitätsanbieter gehen online, und damit hat der Kunde eine Vergleichsmöglichkeit. Das ist ein Riesentrend in der Mobilität; die neuen Fernbusse gehen auch sofort alle online. Mobilitätsdienstleister sind also jetzt online und mobil und unterliegen damit einer neuen Vergleichsmöglichkeit – und das führt zum nächsten Schritt: Ein neues Bewusstsein und ein neues Nutzerverhalten werden daraus entspringen, das ist ein Riesentrend. Ich weiß gar nicht, ob die Transportanbieter verstanden haben, dass die Nutzer eine Veränderung anstoßen werden, denn sie basteln sich jetzt ihre Mobilitätskette anders zusammen. Wenn ich sehe, ich habe A plus B plus C, um zum Ziel zu kommen, dann bastle ich mir das heute ganz anders zusammen als früher, als ich einfach nur in ein Taxi gestiegen bin, um dann vom Bahnhof an mein Ziel zu kommen. Heute habe ich viele andere Möglichkeiten, ich kann diese alle auch sehen, und ich werde sie in Zukunft vielleicht sogar viel einfacher buchen können, über mein mobiles Endgerät. Heißt also: Das Thema Mobile Ticketing und das Thema Location Based Services werden sicherlich ein Trend sein. Das kam schon Mitte der 2000er Jahre ziemlich hoch, und dann ist es mehr oder minder gescheitert, zumindest so, wie es damals gedacht war. Ich habe also mit meinem Smartphone die Möglichkeit, Services um mich herum zu nutzen. Das ist erst jetzt möglich, weil ich wirklich weiß, wo jemand ist und auch wohin er will. Das ist total spannend, wenn ich weiß: Der Kollege möchte jetzt vom Rosenthaler Platz zum Brandenburger Tor. Oder er möchte von Berlin nach München. Ich weiß also, wo er sich aufhält, und ich kann darum herum ganz neue Services anbieten. Das sind aus unserer Sicht die Trends.

Welche Vorteile haben Start-ups bei der Etablierung neuer Geschäftsmodelle im Gegensatz zu Konzernen?

Das geht schon fast in eine philosophische Richtung, denn Konzerne, große Organisationen, haben natürlich einen bestimmten Selbsterhaltungstrieb. Aus dieser systemtheoretischen Sicht versucht man das, was man macht, erst einmal zu erhalten. Wir haben es gesehen bei Neckermann: Neckermann wäre sicherlich ein Unternehmen gewesen, das spannende Voraussetzungen hatte, Logistik et cetera, um ins Internet zu gehen. Aber das hat es nicht geschafft. Es hat sogar kurz vor der Insolvenz noch einmal einen neuen Schwung an Katalogen rausgeschickt. Das zeigt, dass es für große Konzerne sehr, sehr schwierig ist, sich auf neue Marktgegebenheiten einzustellen. Das ist auch das, was ich eben meinte: Die Nutzer werden durch neue Informationen im Markt ein neues Mobilitätsverhalten an den Tag legen. Und die Frage ist: Schaffen es einige große Anbieter, darauf Antworten zu finden und sich darauf einzustellen, oder nicht?

Ich würde zu diesem Thema gern ein Bonmot zum Besten geben: von den vielen Droschkenherstellern, die vor 150 Jahren vor einer ähnlichen Situation standen. Da kommt also ein Benz um die Ecke und hat da ein Automobil, worüber sogar der Kaiser gesagt hat: »Das ist ein vorübergehendes Phänomen. In Zukunft werden wir trotzdem weiter auf Pferden reiten.« Wir alle wissen: Es ist anders gekommen. Die Frage ist also: Wie viele dieser Platzhalter haben es damals geschafft, diese Transition hinzubekommen, vom Droschkenhersteller zum Automobilhersteller? Es war genau einer. Es war Borgward, der ja leider später, in den 60er Jahren, in Insolvenz gegangen ist. Gleichwohl: Das zeigt, wie schwierig es ist, eine Transition aus einem bestehenden Geschäftsmodell in ein neues Geschäftsmodell zu vollziehen. Und dass die systemimmanenten Kräfte ziemlich beharrlich sind.

Was sind Chancen und Herausforderungen von Open Innovation, sowohl für Großkonzerne als auch für Start-ups?

Wenn man einen Blick in die Geschichte wirft, dann sieht man, dass langfristig die Kooperationsmodelle am nachhaltigsten waren, die auf Open Innovation gesetzt haben. Start-ups sind sicherlich schnell in der Lage, solche Opportunitäten zu erkennen. Konzerne oder größere Organisationen brauchen dafür ein wenig länger. Und es gibt zwei Herausforderungen: Start-ups müssen den richtigen Zeitpunkt erkennen, wann sie auf große Organisationen zugehen, und die richtige Methode kennen, wie sie dies tun sollten. Also, das Know-how bei Start-ups, wie mit einem großen Player, wie zum Beispiel mit BMW oder der Deutschen Bahn, umzugehen ist, ist sicherlich noch nicht in der Breite vorhanden. Und ich glaube, damit diese Kooperation zwischen Start-ups und größeren Gebilden funktioniert, muss aufseiten der Start-ups noch einiges passieren, um kommunikationsfähig, um anschlussfähig zu sein. Dass man über das Gleiche spricht, die gleichen Bilder hat, aber auch versteht, wie eine Konzernlogik funktioniert. Man kann nicht einfach hingehen und einen Pitch machen und sagen: »Wir sind die Größten, und in 20 Jahren haben wir 15 Prozent Marktanteil.« Das ist unseriös. Also, die Methode, wie gehe ich mit großen Konzernen um, die müssen viele noch erlernen.

Umgekehrt ist es bei Konzernen mit Open Innovation natürlich vielerorts so: »Wir können nichts von unserem Know-how preisgeben. Wir müssen alles hier in unserem Konstrukt behalten.« Also, die Idee von Kooperationen, dass man einen Partner hat, mit dem man einerseits in Konkurrenz steht, gleichzeitig aber auch kooperiert, weil beide erkennen, dass sie dadurch noch mehr Gewinne erzielen, noch mehr Leistung und Potenziale ausschöpfen können – das ist sicherlich etwas, was sich in den Konzernlogiken noch ausbilden muss.

Wie sieht der Mobilitätsdienstleister der Zukunft aus?

Eines der spannendsten Themen ist, wie sich die großen Konzerne auf diese veränderte Welt einstellen können. Open Innovation, Crowdfunding, Crowdsourcing vor allen Dingen – das sind Schlagworte, die absolut wichtig sind für solche Unternehmen. Es bleibt die Frage: Inwieweit werden es Sprechblasen sein, die man von Sitzung zu Sitzung weiterschiebt, oder inwieweit ist man unternehmerisch in der Lage, auf die veränderte Marktsituation einzugehen? Ich habe eben das Borgward-Beispiel genannt: Wie viele der Droschkenhersteller haben die Transition zum Automobilhersteller geschafft? Heute stehen wir vor einer ähnlichen Situation: Wie viele der Mobilitätsdienstleister, also ÖPNV-Verbünde, Bahnunternehmen, Automobilhersteller, schaffen die Transition in die nächste Ära der Mobilität? Und die nächste Ära der Mobilität stellt nicht mehr die Frage: Habe ich ein Auto, kann ich irgendwie von A nach B kommen, oder habe ich einen Zug, um von A nach B zu kommen? Sondern: Bin ich in der Lage, einen integrierten Service anzubieten, bin ich in der Lage, mein Mindset auf Open Innovation und auf Crowdsourcing umzustellen? Und das ist für große Unternehmen sicherlich eine enorme Herausforderung, vor allen Dingen, weil es so ein »weicher Faktor« ist. Da geht es zunächst nicht um harte Zahlen, sondern vielmehr um Mindset, Kultur, Mentalität et cetera. Das muss von den Führungskräften vorgelebt werden. Sie müssen sagen: Wir müssen uns auf neue Marktgegebenheiten einstellen, wir müssen unser Mindset ändern, wir können nicht mehr nur so bunkern und mauern. Und das ist durchaus ein etabliertes Muster in der Automobilindustrie, der harte Wettbewerb zwischen den Anbietern. Gerade die Automobilindustrie muss sich überlegen, wie sie sich auf die neuen Mobilitätsbedürfnisse der Kunden einstellt. Das ist eine Herausforderung: Mobilität aus Kundensicht zu denken, nicht aus Produzentensicht: Wie kann ich Mobilität zur Verfügung stellen? Was will der Kunde eigentlich in Zukunft? Was ändert sich durch das Internet und mobile Endgeräte? Wer das schafft, wird sicherlich einen großen Pokal mitnehmen.

Die Welt ist nicht genug – wie die digitale Dimension unsere Geschäftsmodelle verändern wird

Wie immer in der Geschichte müssen auch wir uns die Frage stellen, wie zukünftige Generationen auf unsere Zeitläufe zurückschauen werden. Werden die drohende Klimaerwärmung, die Umweltzerstörung infolge des Wirtschaftswachstums und die laufenden Finanz- und Währungskrisen die Erinnerung prägen, oder werden zukünftige Generationen ein anderes Bild der letzten und der nächsten 20 Jahre entwickeln? Wir können nur hoffen, dass unsere Nachkommen die vielen wunderbaren Ideen, die großen und kleinen Revolutionen und Technologien zu schätzen wissen, die unsere Zeit geprägt haben:

- Das weitgehend friedliche Ende eines der größten kulturellen und wirtschaftlichen Experimente aller Zeiten (des Sozialismus in Reinkultur).
- Eine Ausweitung der kulturellen und wirtschaftlichen Beziehungen, die den internationalen Handel auf eine Intensität gebracht hat, wie sie seit dem Ende des 19. Jahrhunderts nicht erreicht worden ist.
- Die Entwicklung und Verbreitung von Technologien, welche die im wahrsten Sinne des Wortes grenzüberschreitende Kommunikation zwischen Menschen, Organisationen und Maschinen ermöglichen.

Genauso wie die Telegrafie in der zweiten Hälfte des 19. Jahrhunderts einen maßgeblichen Beitrag zur ersten Globalisierungswelle geleistet hat, so werden das Internet und dessen mobile Nutzungsmöglichkeiten einen revolutionären Beitrag zur weiteren Entwicklung leisten. Die wesentlichen Elemente und deren Auswirkungen sollen im Weiteren diskutiert werden.

Konstituierende Elemente der vernetzten Welt

Als Anhaltspunkte für eine Betrachtung von Unternehmen und deren Geschäftsmodell sollen einige Aspekte der vernetzten Revolution beschrieben werden. Eine analytische Betrachtung ist sicherlich vonnöten, denn viele webbasierte Innovationen der letzten Jahre sind genauso schnell gegangen, wie sie gekommen sind, oder führen nur noch ein Nischendasein. Es gilt hier auch zu berücksichtigen, dass der Effekt von Innovationen in der Regel kurzfristig über- und langfristig unterschätzt wird.

Die Geschwindigkeit der Kommunikation reduziert den Vorteil vieler Produktfeatures und erhöht die Bedeutung der Kundenbeziehung

Die Marketingtheorie sprach in den 80er und 90er Jahren vielfach von der Unique Selling Proposition (USP). Diese gibt es sicher immer noch, aber wenn wir sehen, dass produktionsfähige Schnittmuster in Textilfabriken in Pakistan wenige Minuten nach dem Ende der Prêt-à-porter-Modenschauen vorliegen, ist ersichtlich, dass dies in vielen Branchen zur Erosion der sichtbaren Produktvorteile führt. Der Wert des Patents im wirtschaftlichen Sinne ist gefährdeter denn je.

Was dann als Asset übrig bleibt, ist letztlich die Kundenbeziehung. Dennoch wird Kundenservice nach wie vor häufig als Kostenposition gesehen und nicht als Investment. Aber es gibt auch gegenläufige Tendenzen: So wird die Verlagerung von Einheiten mit direktem Kundenkontakt ins Ausland derzeit erheblich verlangsamt, und erste Einheiten werden wieder zurückgeholt. Schnelle Kommunikation (und die inzwischen bekannten Shitstorms) rechtfertigt dieses Investment. Social Media lassen sich nicht oder nur in sehr begrenztem Umfang steuern. Entscheidend ist die Fähigkeit, ein Sensorium zu entwickeln und die Organisation im Hinblick auf Kommunikation und Reaktion agil zu machen.

Die n:n- oder n:1-Relation ermöglicht neue Interaktionen und Transaktionen

Die Kommunikationstechnologien, die bisher nachhaltige Veränderungen erbracht haben, basierten vor allem auf 1:1- oder 1:n-Relationen (Buch, Telegrafie, Radio, Fernsehen). Das Internet und die häufig verwandte »Crowd« ermöglichen es voneinander vollkommen unabhängigen Personen beziehungsweise Gruppen, gleichgeartete Interessen zu vertreten und durchzusetzen. Dies kann sich auf die Nachfrage nach Produkten, die Konsolidierung von Kapital, aber auch auf die Sammlung von Daten oder die Durchführung karitativer Maßnahmen beziehen. Die Möglichkeit der Vernetzung vieler Parteien in einem Prozess ist auch ein maßgeblicher Faktor für die Formalisierung insbesondere von Einkaufsprozessen. Vor rund zehn Jahren war die Auktion von Einkaufsvolumina noch ungewöhnlich. Heute werden vermeintlich so heterogene Angebote wie die von Anwaltskanzleien über Auktionsverfahren bewertet. In diesem Zusammenhang müssen wir aber auch zur Kenntnis nehmen, dass der kommunikative Überfluss durch die sogenannten sozialen Medien potenziell bestehen bleiben wird.

Informationstiefe und Sensorik

Der nächste Meilenstein der Vernetzung wird zweifelsohne in einem weiteren Ausbau der Informationstiefe liegen, die zusätzlich über Weiterentwicklungen in der Sensorik und deren Vernetzung erreicht wird. Versetzte uns die Tiefe der Information, die im Rahmen kostspieliger technologischer Wagnisse (Raumfahrt, Formel 1) erfasst werden konnte, noch in Staunen, so wird diese Datenfülle zukünftig durch Weiterentwicklung der Sensorik und den Zugang zu Breitbandverbindungen quasi ubiquitär zur Verfügung stehen. So werden nicht mehr nur Investitionsgüter im weitesten Sinne integriert und gewartet werden können, sondern auch diese Transparenz reicht bis zu Gütern des täglichen Bedarfs.

Die Weiterentwicklung der Bildverarbeitung und vor allem die Auswertung durch neue Algorithmen beziehungsweise die Verfügbarkeit von Rechenleistung wird dazu führen, dass visuelle Informationen zu Umgebungen, die bisher nur von der menschlichen Intelligenz oder dezidierten Sensoren erfasst werden konnten beziehungsweise interpretierbar waren, zukünftig immer stärker maschinell bewertet werden können. Diese Quantensprünge in der Erfassung und Bewertung durch Sensorik und Vernetzung werden dazu führen, dass der in vielen Geschäftsmodellen bis dato unvermeidliche physische Zugriff nicht mehr erforderlich sein wird. Gerade die dadurch geschaffene Transparenz wird dem Markt für geteilten Konsum eine noch größere Bedeutung geben.

Die Implikationen der vernetzten Welt

Was sind nun die Auswirkungen der vernetzten Welt, die einen unmittelbaren Handlungsdruck auf Unternehmen generieren?

Innovation und Anpassungsgeschwindigkeit werden noch wichtiger

Unternehmen müssen sich mit neuen Produkten und Geschäftsmodellen immer schneller neu erfinden, um zumindest zeitweilige Wettbewerbsvorteile zu erreichen. Voraussetzung dafür ist eine permanente und ehrliche Betrachtung des eigenen Geschäftsmodells. Von vielen unbeachtet war eines der größten Opfer der Digitalisierung das Haus Kodak, dessen Untergang nach fast 110 Jahren Firmenhistorie innerhalb von nur knapp fünf Jahren erfolgte. Wir müssen eben alle nach Eisbergen Ausschau halten.

Transparenz hinsichtlich des Status quo und der weiteren Entwicklung ist aber nur der erste Schritt. Entscheidend ist die permanente und vorurteilsfreie Innovation. Dazu müssen die augenscheinlich im Widerspruch stehenden Begriffe »Innovation« und »Management« in Einklang gebracht werden. Nur so können Unternehmen langfristig im – durch die Vernetzung weiter angeheizten – Wettbewerb mithalten. Dabei ergeben sich gerade durch die Vernetzung und die Sensorik neue Geschäftsmodelle, die auf der Nutzung von Gütern und nicht auf deren Besitz basieren. Dadurch können auch Kundengruppen adressiert werden, die bis dato nicht für den Kauf infrage kamen.

Die Bedeutung des Kunden und der Kundenbeziehung

Die Kundenbeziehung wird im digitalen Zeitalter zu einem zentralen Faktor für den unternehmerischen Erfolg. Dies gilt sowohl für B2B- wie auch für B2C-Kundenbeziehungen. Der Vertrieb an Geschäftskunden hat in den letzten 15 Jahren epochale Veränderungen durchgemacht, die noch lange nicht beendet sind. Wer glaubt, dass durch die Tendenz zu formalen Transaktions- und Ausschreibungsverfahren der Vertrieb insbesondere in B2B-Märkten überflüssig wird, liegt falsch. Das Gegenteil ist der Fall: Denn nur derjenige gewinnt die Ausschreibung, der das beste Verständnis für den Kunden hat und es schafft, potenzielle Folgegeschäfte angemessen in die Kalkulation mit einzubeziehen. Dies erfordert insbesondere eine noch stärkere Planung und Koordination aller vertrieblichen und kommunikativen Maßnahmen sowie eine ausgeprägte Kompetenz im Hinblick auf das Geschäftsfeld des Kunden.

An der Schnittstelle zum Privatkunden (B2C) erleben wir die Tendenz, dass aufgrund der Vernetzung viele Prozesse ins Internet verlagert (digitalisiert) werden können. Dies soll auch im Interesse des Kunden erfolgen. Tatsächlich entstehen dadurch Kostenvorteile, die zum Teil an den Kunden weitergegeben werden können. Letztlich müssen Kundenbedürfnisse und die entsprechenden Prozesskostenvorteile gegeneinander abgewogen werden. Dies erfordert eine Segmentierung nach Kundengruppen und nach Prozessen, die über die reine 1:1-Zuordnung von Kunden hinausgeht. Die Generation der Digital Natives wird auch Wert auf eine persönliche oder sogar exklusive Betreuung legen. Individualisierung und persönliche Ansprache werden deshalb immer weiter in den Fokus von Kunden, Dienstleistern und Industrie rücken. Durch die Sammlung von Daten über alle verfügbaren und stetig wachsenden Kanäle werden auch wesentliche Grundlagen geschaffen, um diese Individualisierung zu realisieren. Genau wie im B2B-Vertrieb bedarf es dazu aber eines Paradigmenwechsels, der den Kunden und den Kundenkontakt als Asset und nicht als Kostenfaktor sieht.

Durch die Vernetzung entsteht somit wie durch ein Brennglas eine weitere, zum Teil dramatische Verstärkung der Tendenzen in Richtung Innovationsbedarf und Stärkung der Kundenbindung. Die besonders bei deutschen Unternehmen beliebte Fokussierung auf die Primärtugenden der Entwicklung und Produktion wird von neuen Playern immer mehr auf die Probe gestellt werden. Es bleibt nur zu hoffen, dass die deutschen Unternehmen heute besser auf diese Herausforderungen reagieren als in den 80er Jahren, als viele Traditionsunternehmen den neuen Gegebenheiten der damaligen Internationalisierung nicht standhalten konnten.

Boris A. Gattineau,
Partner Consulting, KPMG

3. Strategie nach neuen Spielregeln

Trend Insight

Die Digitalisierung wirbelt die Wirtschaftswelt kräftig durcheinander. Neue Geschäftsmodelle erobern zuvor unbekannte Märkte, Branchengrenzen verschwimmen oder werden komplett aufgehoben. Die Profiteure sind meist kleine Unternehmen, die den Konzernen aufgrund ihres hohen technischen Know-hows in Nischen Marktanteile streitig machen. Die großen Player müssen aufpassen, bei dieser Neuordnung der ökonomischen Spielfeldgrenzen am Ende nicht den Kürzeren zu ziehen.

Nun sind technologisch bedingte Neuordnungen von Wertschöpfungsketten und Branchengrenzen so alt wie die Marktwirtschaft selbst. Schon vor mehr als 100 Jahren drängten Autobauer die Pferdezüchter und Dampfmaschinenhersteller die Segelmacher in Nischenmärkte ab. Was heute jedoch neu ist, ist die Geschwindigkeit, mit der die Digitalisierung eine Welle der ökonomischen Neuordnung auslöst. Diese Neuordnung erfolgt dabei nach zwei Grundmustern: Integrierung und Modularisierung.

Ein Beispiel für eine Neuordnung durch Integrierung zählt heute zu den größten und erfolgreichsten Unternehmen der Welt: Apple. Noch in den 90er Jahren war das Unternehmen aus Cupertino ein Computerhersteller zwischen Avantgarde und Dauerkrise. Heute ändert es überall dort, wo es sich engagiert, die Spielregeln, indem es aus Hard- und Software integrierte Lösungsangebote bereitstellt. Hardwareseitig ist das der MP3-Player iPod, das Smartphone iPhone und das Tablet iPad. Synchron dazu revolutionierte erst die Musikvertriebsplattform iTunes den Vertrieb von Medieninhalten, dann der App Store den von Software. Heute zählt Apple zu den wertvollsten Unternehmen der Welt – und werden gerüchteweise Branchen genannt, in denen sich das Unternehmen als

Nächstes engagieren will, legt der jeweilige Industriezweig das Gesicht in Sorgenfalten.

Die Digitalisierung erleichtert zudem die ökonomische Neuordnung nach dem Muster der Modularisierung. Kleine, agile Anbieter nehmen sich mit relativ geringem Investitionsaufwand ein bestimmtes Modul der Wertschöpfungskette heraus, optimieren dieses und können mithilfe des Internets in kurzer Zeit eine große Zahl an Kunden erreichen. So hat sich etwa HRS.com auf die Vermittlung von Hotelzimmern via Internet spezialisiert und konnte sich durch diese Fokussierung in Deutschland als Marktführer positionieren.

Die umfassende digitale Vernetzung hat aber auch zu einem veränderten Konsumverhalten geführt. Die aus der digitalen Welt gelernte Rolle des »Users«, der Produkte benutzt, statt sie zu besitzen, überträgt sich vermehrt auf die analoge Welt. Diese neue Konsumkultur mag für einige Unternehmen zwar eine neue, aber durchaus lösbare Herausforderung sein – zum Beispiel indem Automobilhersteller ihre Fahrzeuge temporär vermieten, statt sie zu verkaufen,[28] oder Musik- und Filmverlage ihre Inhalte per Streaming-Angebot[29] statt auf einem teuren physischen Datenträger wie CD oder DVD vertreiben. Schmerzhaft wird es für klassische Unternehmen jedoch dann, wenn diese ökonomischen Prozesse ohne sie auskommen. Wie das konkret aussehen kann, zeigen Beispiele wie Airbnb oder Tamyca. Beide Services bringen Privatpersonen auf digitalen Marktplätzen zusammen und vermitteln entweder Privatunterkünfte (Airbnb) oder Fahrzeuge aus der Nachbarschaft (Tamyca). Diese Person-to-Person-Economy, in der Hotels und Mietwagenanbieter überflüssig geworden sind, da sich Privatpersonen untereinander direkt vernetzen, macht auch vor dem Kreditmarkt nicht Halt. Auf Crowdfunding-Plattformen wie Startnext.de oder Kreditmarktplätzen wie Smava.de werden Kredite zwischen Privatpersonen direkt vergeben, ohne dass noch ein renommiertes Finanzinstitut vonnöten ist.

Durch die Digitalisierung und das mit der Zeit gestiegene Vertrauen der Kunden in digital abgebildete Geschäftsprozesse haben es viele kleine Unternehmen mit hohem technischem Know-how geschafft, bestehende Marktprozesse zu verbessern und neue, tragfähige Geschäftsmodelle zu entwickeln. Dabei hat es so manches etablierte Unternehmen zunächst kalt erwischt, da es damit beschäftigt war, die gegenwärtigen Umsätze durch Prozessoptimierung zu sichern, anstatt sein Augenmerk auf neue Technologien, Marktteilnehmer oder Geschäftsmodelle zu richten. Doch Beispiele wie Nike mit dem Produkt-Service-Bundle Nike+ zeigen, dass es durchaus einen Ausweg aus diesem für große Unternehmen typischen Innovationsdilemma geben kann. Wenn etwa das Produkt syste-

---

28 Wie zum Beispiel der Service Car2Go von Daimler oder DriveNow von BMW.
29 Wie zum Beispiel die Streaming-Angebote Spotify (Musik) oder Maxdome (Film).

matisch um digitale Services erweitert und aus Sportbekleidung somit »Services zur Selbstoptimierung« werden.

Die Chancen für große Unternehmen stehen also gut, aus dieser dynamischen Phase der Innovationen gestärkt hervorzugehen. Denn sie verfügen über wichtige Ressourcen für Forschung und vor allem Implementierung, an denen es Start-ups und Instituten meist mangelt. Sie sind daher besser gerüstet, um transformative, schwer zu replizierende Innovationen auf den Markt zu bringen. Vorausgesetzt, sie haben die Treiber für die ständigen Verschiebungen der ökonomischen Spielfeldgrenzen im Blick und wissen die neuen »Playing Fields« für sich zu nutzen.

Martin Bromber, Marc Lüttgemann und Torsten Rehder,
TrendONE GmbH

»Ich liebe die Konkurrenz!« – deutsche und amerikanische Wirtschaftskultur im Wandel

Gespräch mit Fred B. Irwin,
Ehrenpräsident der Amerikanischen Handelskammer e. V.

Mit welchen strategischen Herausforderungen müssen sich Unternehmen aktuell besonders auseinandersetzen?

Unternehmen müssen genau überlegen, wo sie ihr Kapital investieren. Das ist derzeit die wahrscheinlich wichtigste Entscheidung, die einerseits geografischen Gesichtspunkten folgt: Investiert man besser im Heimatmarkt, im Ausland, besonders in Asien oder in Drittländern? Andererseits sind Fragestellungen hinsichtlich der Produkte erfolgskritisch: In welchen Produktbereich sollte man investieren, welchen Produktbereich auflösen, wo gibt es noch Wachstum?

Es ist die gleiche Frage wie vor 100 Jahren: Wo investiere ich mein Kapital? Aber die Situation ist viel komplexer geworden. Erstens, da es wesentlich mehr geografische Märkte gibt, in denen Unternehmen investieren. Zweitens werden sich die Technologien und die technologische Landschaft radikal ändern. Allein Social Networks wie Twitter oder Facebook, die für die Menschen heute selbstverständlich sind, haben vor zehn Jahren kaum existiert. Und auch die Banken werden sich die Frage stellen: Brauchen wir eine Filiale an jeder Ecke? Vielleicht werden die Filialen aufgelöst und alle Bankgeschäfte online oder über das Handy abgewickelt.

Was wird im Jahr 2030 in Deutschland und in den USA anders sein als heute?

Ich hoffe, dass es keine großen Unterschiede zur heutigen Zeit geben wird. Bestenfalls wird es in Deutschland die gleiche Kultur wie heute geben und den gleichen oder sogar noch mehr Wohlstand. Selbstverständlich werden wir andere Technologien oder vielleicht andere Moden haben. Ich kann mir zum Beispiel vorstellen, dass es im Geschäftsleben keine Krawatten mehr geben wird. Aber das sind alles äußerliche Dinge. Wichtig ist, was in den Herzen der Menschen ist.

Generell wird es uns in Deutschland also wahrscheinlich weiterhin gut gehen, unvorhersehbare Ereignisse wie Naturkatastrophen natürlich einmal ausgenommen. Aber Erdbeben oder Tsunamis bedrohen Deutschland ohnehin nicht. Meine Hoffnung ist, dass Deutschland und die USA über die Transatlantic Trade and Investment Partnership (TTIP) endlich auch bei Energiethemen enger zusammenarbeiten werden. Schließlich ist die Energiewende ein großes Thema in Deutschland, die Energiepreise steigen. Gleichzeitig fallen die Energiepreise in den USA, 2030 werden die USA voraussichtlich sogar energieunabhängig. Die Partnerschaft beider Länder über einen entsprechenden Vertrag könnte also die deutschen Energiekosten wieder erträglicher machen. Die Energiepolitik der USA wird natürlich auch von ausländischen Investoren wie China beeinflusst. Allerdings werden auch die Lohnkosten in China steigen, sogar auf das gleiche Niveau wie in den USA. Das chinesische Wachstum wird sich etwas reduzieren, dazu kommen enorme Umweltprobleme, da China kaum in die eigene Umwelt, sondern eher in ausländische Geschäfte investiert. Und es wird interessant sein, was passiert, wenn eine chinesische Firma einen DAX-30-Konzern übernimmt. Es wird spannend, in diesem Szenario die politische Reaktion zu erleben. Generell wird es in Deutschland mehr ausländische Investoren geben.

Gibt es einen wesentlichen Unterschied zwischen dem deutschen und dem amerikanischen Wirtschaftssystem?

Die Kultur in den USA ähnelt sehr der deutschen Kultur, allerdings gibt es ein paar Ausnahmen. Eine zeigt sich im Wort »versagen«. Wenn jemand in Deutschland versagt, ist das gleich eine große Blamage, die einen Menschen an den gesellschaftlichen Rand bringen kann. Wenn jemand in den USA versagt, bewertet man das mit der amerikanischen Mentalität aus einem ganz anderen Blickwinkel: Jemand, der versagt hat und am Boden ist, hat daraus etwas gelernt. Vielleicht wird er also beim nächsten Versuch diese Fehler nicht wiederholen. Aus diesem Grund gibt es in den USA eine Aktienkultur, in Deutschland jedoch stattdessen eine Schuldenkultur. Eine Aktienkultur kreiert etwas – schafft zum Beispiel Venture Capital, das für die klassische Wagniskapitalkultur steht. Mit diesem Geld können neue Ideen und Geschäftsmodelle für junge Leute entstehen. Dabei geht es nicht nur darum, einen ersten guten Businessplan eines jungen Unternehmers mit ein paar Millionen als Startkapital zu unterstützen. Auch wenn dieser erste Versuch scheitern sollte, unterstützt man neue, bessere Ideen, damit so ein Unternehmer es erneut versuchen kann. Und irgendwann wird der

Mann enorm erfolgreich sein. Jeder Erfinder in den USA möchte zum Beispiel wie ein Steve Jobs oder ein Bill Gates sein. Das mag zwar illusorisch klingen, aber das Wort »versagen« ist daher in den USA kaum gebräuchlich. Man versteht dort Versagen eher als eine Lernmöglichkeit und Verbesserungschance für die Zukunft.

Inwiefern beeinflussen die Wirtschaftskulturen der Schwellenländer die Globalisierungslandkarte?

Wenn Sie die weltweiten Top-500-Unternehmen betrachten, finden sie darunter keines aus Bangladesch und kaum welche aus den arabischen Ländern. Aber die politische Führung dieser Länder wurde nach und nach in der westlichen Welt ausgebildet, sei es in Großbritannien oder in den USA. Daher hat diese Führungsriege heute eine völlig andere Ausbildung als noch vor 50 Jahren. Somit kommt eine neue Generation politischer Machthaber mit Ideen und Strategien zurück in ihr Land, die ganz anders sind als die Strategien ihrer Väter. Tatsächlich ist die Ausbildung in diesen Ländern schon heute wesentlich besser als vor 50 Jahren. In Saudi-Arabien gibt es zwar eine hohe Arbeitslosigkeit, aber die Ausbildung ist sehr gut. Das wird natürlich auch von neuen Kommunikationsmöglichkeiten beeinflusst, heutzutage nutzt schon fast jeder in diesen Ländern das Internet und Social Media. Das verstärkt auch in anderen Bevölkerungsgruppen den Wunsch nach einem besseren Leben als dem der Eltern. Kommunikation hat die Landschaft völlig verändert – daher bin ich auch davon überzeugt, dass die Zukunft dort besser sein wird, als es die Vergangenheit war.

Wie stark verändern Social Media die Geschäftsstrategien der Finanzdienstleistungsbranche?

Gewaltig. Der Grund dafür ist: Mit Social Media hat man weniger Kosten, und jede Finanzdienstleistungsorganisation muss ihre Kosten reduzieren. Sofern es das Consumer-Geschäft betrifft, ist das meistens »Brick and Mortar«[30.] Also lautet die Frage, ob man überhaupt eine Filiale an jeder Ecke braucht. Im Grunde genommen, bei logischer Betrachtung, lautet die Antwort: Nein. Denn mittels der heutigen Technologie lassen sich viele Finanzdienstleistungsbereiche mit einem Handy oder dem Internet ablösen. Daher werden neue Branchen auf-

---

30 Brick and Mortar (engl.: Ziegelstein und Mörtel) steht vor allem im Amerikanischen für Unternehmen, die ihren Kundenkontakt nicht über das Internet, sondern über Filialen pflegen.

tauchen, die heute noch gar nicht existieren. Menschen, die arbeitslos werden, wechseln in eine neue Branche. Und das ist gut so.

Jede Branche muss sich ändern – auch die Finanzdienstleistungsbranche. Wer sich nicht verändert, verliert an Bedeutung. Also muss sicherlich jede Bank zumindest ein wenig darüber nachdenken, wie sie ihre Kunden zeitgemäß bedient. Ob außerdem Google, IBM oder Hewlett-Packard eine Banklizenz kriegen oder nicht, ist kein Thema für die Privatbankwirtschaft, sondern mehr oder weniger ein Thema für unsere regionalen Tutoren. Ich bin über 30 Jahre lang in dieser Branche tätig, und ich liebe die Konkurrenz. Die Konkurrenz bringt neue Ideen, neue Wachstumsmöglichkeiten hinein und, hoffentlich, mehr Kundenzufriedenheit.

Allerdings besteht eine Gefahr bei all diesen Veränderungen: Cyberangriffe. Das mag noch nicht so sehr in der Öffentlichkeit präsent sein, aber Cyber-Security ist ein Thema für jede Bank und jede Firma, in allen möglichen Branchen. Denn egal ob Cyberangriffe aus China oder anderen Ländern kommen, es betrifft immer unsere Privatsphäre. Nach einem solchen Angriff kann man das Vertrauen in elektronische Transaktionen schnell verlieren. Und Vertrauen ist im Finanzdienstleistungsbereich das A und O.

Imperative für die Supply-Chain-Strategie 2030

Kann man heute überhaupt noch strategisch planen? In einer Welt, in der die Zahl der Änderungen in relevanten Umweltfunktionen stark an den Verlauf einer Exponentialfunktion erinnert, scheint es verwegen, ein Fünfjahresziel zu entwickeln und die genauen Schritte bis zu diesem Ziel zu formulieren. Wettbewerber tauchen neuerdings an Stellen auf, die meist noch nicht einmal auf dem Radar von Unternehmen sind – wer hätte vor zehn Jahren gedacht, dass private Haushalte durch Solarpanels Stromkonzernen Konkurrenz machen?

Und doch: Strategie macht auch heute noch Sinn, unter der Voraussetzung, dass Strategie anders gelebt wird. Zwei Faktoren spielen dabei eine ganz besondere Rolle. Erstens sollte Strategie weniger als eine Rennstrecke mit einem definierten Endpunkt gesehen werden. Es geht eher darum, Strategie als einen Korridor legitimer Handlungsoptionen zu begreifen, der zwar auf bestimmte Ziele hinführt, es aber den jeweiligen Managern überlässt, wie diese Ziele erreicht werden können. Dies schafft die notwendige Flexibilität, um kurzfristig auf Änderungen reagieren zu können. Zweitens benötigt ein solches Verständnis sowohl eine klare Vorstellung der Kernkompetenzen, die in einem bestimmten Umfeld relevant sind, als auch eine kontinuierliche Entwicklung eben dieser Kernkompetenzen.

Welche Implikationen hat all dies für das Supply-Chain-Management? Supply-Chain-Strategien unterscheiden sich nicht allzu sehr von Unternehmensstrategien. Nur während die Letzteren eher auf den Kunden fokussieren, sind Supply-Chain-Strategien an den Rohstoff- und Komponentenmärkten ausgerichtet. Die Herausforderungen sind allerdings ähnlich. Die Fluktuation innerhalb der Lieferantenbasis steigt kontinuierlich aufgrund ständig wechselnder Anforderungen an Qualität und Zeit und steht damit in einem zunehmenden Spannungsfeld zu einer weiteren zentralen Zieldimension: den Kosten. Auch das Risiko spielt eine immer wichtigere Rolle und gewinnt im Zeitalter der Nachhaltigkeit besonders an Brisanz: Supply-Chain-Disruptions per se sind schon schlimm genug und schlagen nachweislich mit 40 Prozent geringeren Stock-Market-Returns zu Buche. Unternehmen, die aufgrund von Umweltverschmutzung oder asozialen Praktiken in der Supply-Chain ins Visier der NGOs geraten, haben zusätzlich mit Reputationsschäden und sinkenden Markenwerten zu kämpfen.

Eine erfolgreiche Supply-Chain-Strategie versucht vor diesem Hintergrund nicht mehr die eine eindeutige Entwicklungslinie vorzuzeichnen. Stattdessen fokussiert sie darauf, Strukturen zu etablieren, die eine möglichst schnelle Adaption an sich ändernde Rahmenbedingungen erlauben, initiiert Lernzyklen und sorgt für effiziente, stabile und skalierbare Prozesse. Der Zielkorridor für Supply-Chain-Strategien sollte daher insbesondere folgende Punkte umfassen: Transparency & Traceability, Resilience, Responsiveness, Innovation und Cost.

Transparency & Traceability sind absolut notwendig, um bei Bedarf schnell Veränderungen in der Supply-Chain herbeiführen zu können. So benötigen manche Unternehmen bei Lebensmittelskandalen bis zu zwei Monate, um herauszufinden, ob von ihnen vertriebene Waren betroffen sind – und das im Zeitalter klarer Produktspezifikationen und Lieferantenaudits! Transparency & Traceability schaffen Vertrauen, Vertrauen schafft Markentreue, und Markentreue schafft Wettbewerbsvorteile.

Resilience ist im Wesentlichen eine Weiterführung des Transparenzgedankens. Unternehmen müssen präventiv gegen Supply-Chain-Disruptions vorgehen, indem sie IT-Integration zur conditio sine qua non machen und Notfallpläne für den Ernstfall entwickeln. Manchmal hilft auch eine radikale Veränderung der Supply-Chain-Struktur: Konzentration auf Kernkompetenzen ist zwar wichtig, aber muss sich eine Supply-Chain wirklich mehrfach um den Globus ausdehnen, sodass kaum noch jemand weiß, wer mit wem arbeitet und mit wem nicht? Weniger ist manchmal mehr …

Responsiveness erhöht die Reaktionsgeschwindigkeit auf Kundenanforderungen. Sie wird in erster Linie dadurch erreicht, dass sich in der Supply-Chain definierte »Gravitationszentren« mit besonderen Kernkompetenzen aufstellen und mit allen übrigen Einheiten fest vernetzen. Diese Zentren bündeln Entscheidungsautonomie, Wissen, Know-how und verfügen über die neuesten relevanten Technologien. Dadurch können sie in Höchstgeschwindigkeit Innovationen generieren und über ihre Vernetzung effizient weiterreichen.

Innovationen sind umso erfolgreicher, je besser sie auf Kundenbedürfnisse abgestimmt sind. Unternehmen tun also gut daran, über die Leitlinien zur Innovationsentwicklung nachzudenken und insbesondere die Integration verschiedenster Stakeholder-Gruppen in den Innovationsprozess voranzutreiben. Dadurch ermöglichen sie nicht nur eine optimale Ausrichtung an Kundenbedürfnissen, sondern stellen gleichzeitig sicher, dass die notwendigen Ressourcen und Kernkompetenzen in der Supply-Chain vorhanden sind oder zielgerichtet entwickelt werden können.

Schließlich die *Kosten (Cost)*. Viele der eben aufgeführten Strategieprinzipien helfen gleichzeitig, die Kosten weiter zu optimieren: Kürzere Supply-Chains konzentrieren wertschaffende Tätigkeiten auf einige wenige Einheiten. Gravitationszentren ermöglichen es, teure Technologien auf wenige, klar definierte Einheiten zu konzentrieren und teure Dubletten zu vermeiden. Modularität im Innovationsprozess erhöht die Effizienz.

Zusammenfassung

Im Sinne eines neuen Begriffsverständnisses der Supply-Chain-Strategie sind die oben skizzierten Punkte als Gestaltungsspielraum für die unternehmensspezifischen Leitplanken und als nicht verhandelbare Prinzipien zu verstehen. Das Bewusstsein über diese »Nichtverhandelbarkeit« gilt es in der gesamten Organisation zu verankern. Das heißt beispielsweise, dass sich die Kompetenzfelder zwar kontinuierlich und auch dezentral verbessern und adaptieren dürfen, allerdings nur innerhalb der festgelegten Rahmen- und Richtungsbedingungen. Jede Kompetenz kann dann kontinuierlich verbessert und vor allem skaliert werden. Die Entwicklung in eine ungewollte Richtung wird durch klar definierte Leitplanken jedoch verhindert. Eine solche lernorientierte Supply-Chain, in der alle Glieder fest miteinander vernetzt sind, ist maximal flexibel und reaktionsfähig und damit optimal für die volatile Umwelt unserer Zeit aufgestellt. Die Organisation in dieser Weise strategisch auszurichten, wird in den kommenden Jahrzehnten zur zentralen Herausforderung für das Management.

Sebastian Hartmann,
Senior Manager Consulting, KPMG

4. Spiel um die Zukunft

Trend Insight

Spielen am Computer galt lange als Tätigkeit, der vor allem Kinder und Jugendliche nachgehen. Sie diente der Unterhaltung und wurde allein aus Freude am Spiel ausgeführt. Diese klar umrissenen Demarkationslinien verschwimmen heute immer mehr, denn Spielen dringt in alle Generationen und Lebensbereiche vor. Durch die Entwicklung von Spielen, die einfach zu nutzen sind und immer mehr aktuelle Themenbereiche wie Fitnesstraining und Denksport abdecken, ist es in den vergangenen Jahren gelungen, die Zielgruppen für Computerspiele kontinuierlich zu erweitern. Die gesellschaftliche und wirtschaftliche Relevanz des noch jungen Mediums steigt beständig. Für 2012 wurde der Markt für Computerspiele allein in Deutschland bis auf mehrere Milliarden Euro geschätzt.

Unter dem Begriff »Serious Games« bahnen sich Computerspiele den Weg ins Arbeitsleben. Im Gegensatz zu fiktionalen, auf Unterhaltung basierenden Spielen werden Serious Games für die Vermittlung von Wissen und Informationen eingesetzt. Das Computerspiel tritt den Weg in die reale Welt an: Szenarien und Situationen sind dem wirklichen Leben nachempfunden und werden in komplexen Simulationen realitätsgetreu dargestellt.

Speziell entwickelte Computerspiele sollen Fach- und Führungskräfte auf neue Aufgaben vorbereiten. Die Zeiten, in denen Spiele am Arbeitsplatz als Produktivitätskiller angesehen wurden, sind Geschichte. Nachwuchsmanager der Lufthansa lernen beispielsweise mit dem eigens entwickelten Spiel namens Airline Company, wie man eine Fluggesellschaft gründet und betreibt. Sie stellen Flotten zusammen, engagieren Personal und legen Flugrouten fest. Von den Startbahnlängen über die Passagierzahlen bis hin zum Kerosinverbrauch entsprechen sämtliche technischen Daten zu Flughäfen und Flugzeugen der Realität.

Das Spielen in Form von Serious Games hilft den Mitarbeitern, Informationen im Vergleich zu traditionellen Schulungen schneller zu verstehen und länger im Gedächtnis zu behalten. Klickten sich Nachwuchskräfte früher sechs bis acht Stunden durch vorgegebene Infofolien samt Fragen und Antworten des computerbasierten Trainingsprogramms, folgt spielerisches Lernen den Prinzipien des Wissenserwerbs. Spiele ermöglichen einen spaßbetonten Prozess des Verstehens und lassen das Lernen als Primärziel in den Hintergrund treten. Dies führt insgesamt zu einer höheren emotionalen Beteiligung und Motivation, da Spielen viel näher an den natürlichen Lerngewohnheiten ausgerichtet ist.

Serious Games sind lediglich der Startpunkt einer spielbasierten Unternehmenskultur. Mittels der Methode »Gamification« kann eine Vielzahl von Tätigkeiten und Handlungen mit Spielmechanismen angereichert werden. Mitarbeiter, die beispielsweise ihre E-Mails ordentlich archivieren und beantworten, erhalten Punkte und nehmen an einem unternehmensinternen Wettbewerb teil. Ebenfalls kann das Einhalten bestimmter Vorgaben und Richtlinien durch spielorientierte Belohnungen honoriert werden. Ein von Google initiiertes Spiel zum

Reisekostenmanagement führte etwa zu einer fast hundertprozentigen Compliance der Mitarbeiter und nebenbei zu einer deutlichen Kostenreduzierung.

Die in beiden Beispielen eingesetzte Methode der Gamification greift auf den Einsatz von Sammelmechaniken zurück. Es gilt, eine bestimmte Anzahl von Punkten oder Badges zu erzielen. Die anschließende Einordnung erfolgt in Highscores und Ranglisten, auf denen jeder Nutzer sein Vorankommen verfolgen kann. Wer sich erfolgreich durch die verschiedenen Level arbeitet, erhält Belohnungen. So entsteht ein spielerisches Erlebnis, das Freude bereitet, herausfordert und zu höherer Leistung antreibt. Der intelligente Einbau von Spielemechanismen wird in den kommenden Jahren eine Vielzahl von Unternehmensfunktionen verändern.

Die Anwendung von Spielelementen lässt in Kombination mit innovativen Technologien, wie etwa Augmented Reality, neue Anwendungsszenarien denkbar werden. Das von Volkswagen entwickelte Onlinespiel Gatscar führt angehende Kfz-Mechatroniker in eine virtuelle Werkstatt. Spielerisch werden das Funktionsprinzip sowie der Einbau eines Doppelkupplungsgetriebes erlernt und nach erfolgreichem Testlauf mit Punkten belohnt. Zukünftig kann mithilfe einer Datenbrille die virtuelle Spielwelt direkt über reale Objekte in den Motorraum projiziert werden. Das fachgerechte Erlernen von Wartungs- und Montagearbeiten erfolgt dann nicht mehr in einem künstlich geschaffenen virtuellen Raum, sondern im natürlichen Arbeitsumfeld, das durch die digitale Erweiterung innovative Spielkonzepte zulässt.

Gerade für Unternehmen stellt dieser spielerische Umgang einen Schatz an Produktivität dar. In den kommenden Jahren gilt es, neue Wege in wissensintensiven Bereichen zu beschreiten. Game-Thinking könnte der Schlüssel für neuartige Planungstechniken sein, die aufgrund der hohen Volatilität und Komplexität der globalen Märkte geänderten Anforderungen unterliegen. Die Anpassung an ein sich stetig wandelndes Marktumfeld erfordert neue Instrumente und Tools für das Design von Strategien und Geschäftsprozessen. Auf eine Wissensgesellschaft, die für ihr Wachstum ein hohes Maß an Offenheit und Kreativität benötigt, würden sich spielerische Verhaltensweisen positiv auswirken. Denn Spiele bieten die Möglichkeit des Probierens, Erfahrens und des Scheiterns. Der dadurch vermittelte explorative Umgang mit dem Unbekannten lässt Menschen zu furchtlosen Entdeckern auf dem Meer der Komplexität werden.

Sebastian Metzner,
TrendONE GmbH

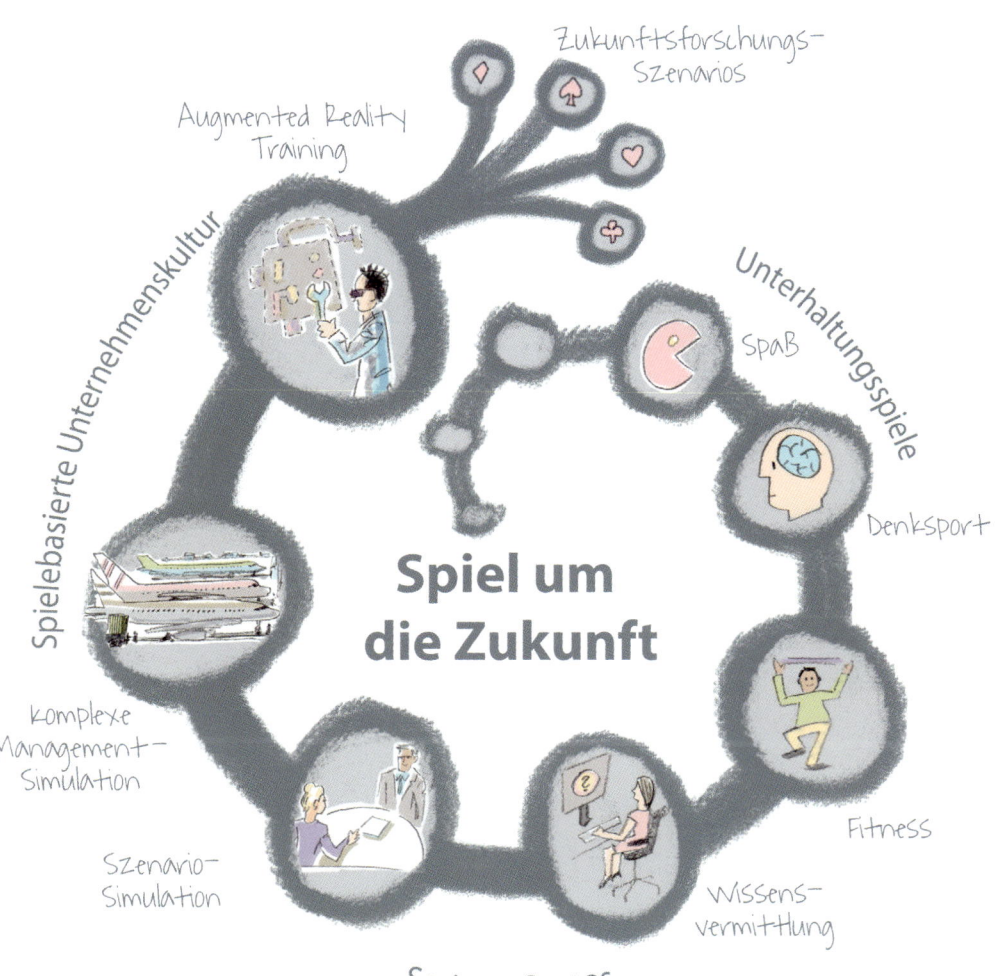

Zukunftsforschungs-
Szenarios

Augmented Reality
Training

Unterhaltungsspiele

Spielebasierte Unternehmenskultur

SpaB

Denksport

**Spiel um
die Zukunft**

komplexe
Management-
Simulation

Fitness

Szenario-
Simulation

Wissens-
vermittlung

Serious Games

»Manager sollten spielen« – wie Szenarienspiele die Zukunft der Unternehmen gestalten

Gespräch mit Dr. Bernhard Albert,
Mitgründer Netzwerk Zukunftsforschung

Funktioniert langfristige Planung heute überhaupt noch?

Langfristige Planung, wie man sie sich traditionell vorstellen mag – mit einer Entwicklung von einem Punkt in der Vergangenheit zu einem strategisch anvisierten Punkt in der Zukunft –, ist tatsächlich schwieriger geworden, als das in den vergangenen Jahrzehnten oder in der Industriegeschichte der Fall war. Was aber geht – und im Grunde genommen auch schon immer gegangen ist –, ist das Arbeiten mit Planspielen, mit Szenarien, mit Zukunftsbildern, das heißt mit mehreren unterschiedlichen Zukünften, die durchdacht oder durchgespielt werden. So wie es das Militär in vergangenen Jahrhunderten gemacht hat. Und das funktioniert. Auch in Unternehmen.

Ist strategische Planung noch zeitgemäß?

Strategische Planung im klassischen Sinne ist nicht tot, sondern wird auf einem anderen Fundament entwickelt. Wenn Sie verschiedene Zukunftsbilder und Geschichten über die Zukunft haben und mit deren Hilfe ein Verständnis von dem entwickeln, was alles geschehen könnte, müssen Sie in global agierenden Konzernen ebenso wie in mittelständischen Unternehmen immer auch strategisch planen.

Was ist der Job des Zukunftsforschers?

Sie versuchen, planend in die Zukunft zu denken und Strategien aufzubauen. Sie arbeiten mit Szenarien. Bei Szenarien gibt es zwei Modelle oder zwei Hauptvorgehensweisen. Das eine sind die klassischen Szenarien der Szenarien-Grammatiker. Das ist der Szenario-Trichter mit einem Best Case, einem Worst Case und einem Average Case oder einem Most Probable Case. Fast immer wird davon ausgegangen, dass das mittlere Szenario eintritt. Es passiert nicht das Beste, es passiert nicht das Schlechteste, die Breite möglicher Entwicklungen wird nicht wahrgenommen, sondern man bleibt auf diesem klassischen Kanal. Da fischt man auch Brüche nicht mit.

Was Zukunftsforscher heute tun, ist ein eher spielerischer Umgang, das heißt, ich nehme viele Themen auf, kombiniere diese mit Gedanken zu validen Zukunftsbildern und entwickle daraus eine Vorstellung zu den Auswirkungen dieser möglichen Entwicklungen auf mein Unternehmen und meine Angebote.

Können sich Unternehmen mithilfe von Szenarien Planungssicherheit verschaffen?

Wenn Sie verschiedene Szenarien durchspielen, erhalten Sie einen Eindruck von dem, was mit Ihrem Produkt bei verschiedenen Rahmenbedingungen geschehen könnte oder wie sich unterschiedliche Entwicklungen auf Ihren Markt auswirken. Wenn Sie mit diesen Szenarien arbeiten, werden Sie feststellen, dass es bestimmte Produkte und bestimmte Märkte gibt, die sich in mehreren Szenarien gut entwickeln. So erhalten Sie eine gewisse Planungssicherheit. Wenn Sie dann sagen: »Okay, jetzt haben wir hier noch 20 Prozent unseres Investitionsvolumens. Das können wir auch mal auf eine Karte setzen. Da funktioniert es nur in einem Szenario, aber das gefällt uns, und wir glauben daran, dass es so kommen könnte.« Auch hier helfen Szenarien und das Durchspielen der damit verbundenen Chancen und Risiken.

Bieten Szenarienspiele noch weitere Vorteile?

Szenarien befähigen Sie dazu, Dinge anders zu denken, anders zu erfassen, anders zu begreifen, als Sie es in einem klassischen linearen Planungsprozess getan hätten. Sie kommen mit dem Durchspielen und Durchdenken von Szenarien in die Lage, vor der Entscheidung schon mehrere Möglichkeiten in Betracht zu ziehen. Auch wenn später Umstände eintreten, die Sie sich in diesem Prozess noch nicht vorstellen konnten, haben Sie Ihren Geist geschult, sich auf die Zukunft hin zu orientieren. Damit erwerben Sie die Fähigkeit, schneller zu reagieren als Ihre Wettbewerber.

Welche Veränderungen stehen Supply-Chains in den nächsten 15 Jahren bevor?

Ganz viele Entwicklungen werden von den Zulieferern vorangetrieben. Da entstehen neue Produkte, neue Ideen. Die großen OEMs sind häufig noch die, die Supply-Chains in intelligenter Art und Weise zusammenführen und verketten. Als OEM muss ich mich deshalb immer stark mit Zulieferern, Kunden sowie Stakeholdern im Umfeld befassen und beobachten, wohin bestimmte Entwicklungen laufen. Ich muss mir zum Beispiel anschauen: Wie ändert sich das Mobilitätsverhalten? Was bedeutet die Atomisierung in Transport und Verkehr für mich? Welche Auswirkungen hat die Alterung der Gesellschaft? Das muss ich im Prinzip über die gesamte Wertschöpfungskette hinweg tun. Das kann ich aber nur, wenn ich die anderen Akteure mit einbeziehe. Früher war ein Zulieferer jemand, der eine Komponente geliefert hat. Diese wurde dann verbaut. Heute ist der Zulieferer im Optimalfall derjenige, der die Komponente entwickelt, der eigentlich gar keine Komponente mehr liefert, sondern so etwas wie einen Nutzen. Es geht dann gar nicht mehr darum, *wie* etwas geschieht, sondern darum, *dass* es geschieht. Die Zulieferer können kreativ neue Technologien entwickeln und einsetzen, wenn sie nicht mehr eine ganz spezifisch genormte Komponente liefern müssen.

Dennoch braucht es einen gemeinsamen Prozess, um das Ganze aufeinander abzustimmen. Sonst würden möglicherweise widersprüchliche Entwicklungen an unterschiedlichen Enden in der Supply-Chain entstehen. Was nicht immer von Schaden ist, weil es ja immer verschiedene Möglichkeiten und Entwicklungspfade gibt. Zentral ist aber, dass alle Akteure miteinander darüber sprechen. Es ist immer von Vorteil, wenn gemeinsam über die Zukunft nachgedacht wird. Gerade das scheint für Unternehmen immer noch schwierig, obgleich die Frage nach den Rechten beispielsweise an Erfindungen, die in gemeinsame Prozesse einfließen oder in diesen entwickelt werden, schon im Vorfeld vertraglich geklärt werden kann.

Wie wird Supply-Chain-Management im Jahr 2030 funktionieren?

Die Managementprozesse im Jahr 2030 werden wesentlich kollaborativer sein. Unternehmen beziehen dann in unterschiedlichen Prozessen, ob über Workshops, Szenarienentwicklung oder Wargaming, ihre Mitarbeiter stärker mit ein.

Beteiligung findet zunehmend auch unternehmensübergreifend in Kooperation mit Kunden, Zulieferern und Dienstleistern statt. In solchen Unternehmensnetzwerken entwickeln sich neue Entscheidungsstrukturen. Zwar werden Entscheidungen weiterhin von Unternehmensführungen getroffen. Die aber sind nicht mehr Führung im klassischen Sinn, sondern viel stärker in einen Gesamtprozess involviert, den sie gemeinsam mit verschiedenen Akteuren durchleben.

Ein zweiter wichtiger Punkt ist, dass im Management 2030 wesentlich mehr Zeit für das Entwickeln von Zukunftsbildern aufgewendet wird. Das sind Konzepte und Vorstellungen davon, wie die Dinge einmal werden sollen. Von Russel Ackoff gibt es den Ansatz des »Idealized Design«. Dabei wird auf Basis von Zukunftsbildern eine Vorstellung von der Zukunft entwickelt: Wo will ich hin, was ist mein strategisches Kernziel? Auf dieses strategische Kernziel hin richtet man dann die Planung aus. Als Automobilhersteller will man möglicherweise Mobilitätsdienstleister sein. Wenn ich meinen inneren Antrieb und meine Ziele kenne – wenn ich mir Zeit genommen habe, mein Zukunftsbild als Ideal zu formulieren, werden strategische Prozesse und Entscheidungen robuster, als das heute vielfach der Fall ist.

Auf welchem Weg sollten Manager heutzutage ihr Unternehmen in die Zukunft führen?

In einer Welt, die so vielfältig und so von Brüchen durchzogen ist wie unsere Welt heute, ist es gar nicht mehr möglich, ein Unternehmen im klassischen Sinne von oben nach unten zu managen oder zu führen. Wenn Sie heute ein Unternehmen in die Zukunft führen wollen, braucht jeder Mitarbeiter eine Vorstellung von dem Zukunftsbild, das Sie im Management entwickelt haben. Und der Mitarbeiter muss Ihre Vorstellung nicht nur erklärt bekommen, sondern verstehen – auch auf der zweiten, dritten, vierten Ebene müssen die Menschen mitgenommen werden. Wenn man Menschen in Foresight-Prozesse einbezieht, in eher spielerische und kreative Prozesse, in denen sie lernen und beginnen, sich als Teil des Ganzen zu verstehen – dann ermöglicht man ihnen, diesen Tanker ein Stück weit mitzusteuern. Eine Hauptaufgabe des Managers ist das Organisieren fähiger Köpfe zum Wohle des Unternehmens. Das kann geschehen, indem die Mitarbeiter in die Szenarienentwicklung einbezogen werden. Es muss ein wenig partizipativer werden. Das heißt aber nicht, dass es deshalb ungesteuerter wird oder dass man dabei die Kontrolle verliert.

Wie können Unternehmen spielerisch Zukunftsszenarien entwickeln?

Wenn Sie Zukunftsbilder oder Zukunftsszenarien nehmen, dann ist es ja so, dass diese nicht einfach eine beliebige Story oder eine spaßige Angelegenheit sind; sie setzen sich aus einer systemischen Betrachtung zusammen. Sie schauen sich verschiedene Entwicklungen in der Welt an, Sie erwägen Wechselwirkungen zwischen einzelnen Trends und Entwicklungen ebenso wie die großen Unterströmungen. Sie betrachten mentale Modelle von Menschen, die schließlich in so ein Zukunftsbild einfließen, aus dem Sie dann eine schöne Geschichte machen. Das Ganze testen Sie dann natürlich auch auf Störereignisse, indem Sie es zum Beispiel mit Wildcards »beschießen«. So finden Sie heraus, ob das Szenario so robust ist, dass es unter globalen Entwicklungen funktionieren kann. In dem Moment, in dem Sie das austesten und ausprobieren, haben Sie eine robuste Grundlage zum Planen, Denken und Entscheiden. Dafür benötigen Sie jede Menge Kreativität, Energie und Leidenschaft und eine Auszeit, um dem Tagesgeschäft zu entfliehen. Das alles sind Elemente des Spiels, das – zu Ende gespielt – zur Basis strategischer Entscheidungen und strategischer Planung wird.

»Zukunft macht Spaß« – Ideen visualisieren und zu Geschäftsmodellen entwickeln

Gespräch mit Eckard Foltin,
Leiter Creative Center

und

Dr. Carsten Rennekamp,
Leiter Strategische Planung, Bayer Material Science

Können Unternehmen mit hochgradig komplexen Wertschöpfungsketten überhaupt verlässlich für die Zukunft planen?

Eckard Foltin: Man muss diese Komplexität erst einmal auflösen. Wir machen das, indem wir uns Technologien anschauen und sie mit Trends abgleichen. Das gibt uns einen Koordinationsraum, ein Koordinationsdreieck, in dem wir uns bewegen und worin wir Wege finden können, die eine Route in die Zukunft darstellen. Das Wesentliche ist dabei, das Spannungsfeld zu zeigen, denn ein Trend allein bringt uns nicht weiter. Ebenso kann man sich darin verlieren, wenn man ausschließlich eine Technologie betrachtet – das erzeugt einen gewissen Tunnelblick. Wir möchten Kompetenz so aufbauen, dass wir sie mit unseren Materialien verbinden und auf unsere Geschäfte beziehen können. Dabei helfen uns Visualisierungen dabei, konkrete Anwendungen so zu zeigen, dass wir sie in einer Industrie spiegeln können und damit greifbar in die Kommunikation bringen. Dazu stellen wir uns zum Beispiel folgende Fragen: Was bedeutet das Ergebnis für den aktuellen Technologiestandard? Was bedeutet es für unseren Markt? Was bedeutet es für unsere zukünftige Marktposition und für unsere zukünftigen Produkte? Damit zeigen wir Entwicklungsbedarf auf und versuchen auch sehr schnell in Wachstumsfelder hineinzukommen, die für Bayer lukrativ sein werden.

Zum Thema Visualisierung hat Bayer eine Reihe von Beispielen. Wir denken unter anderem über die Energieversorgung einer Stadt wie Köln nach. Wenn man sagt, der Energiewandel in Deutschland soll bis 2022 umgesetzt sein, weil bis dahin weniger Atomkraftwerke in Betrieb sind, dann hört sich das erst einmal sehr komplex an. Wenn man sich aber fragt, wie sich das auf eine Millionenstadt wie Köln auswirkt, wird es schon greifbarer. Es gibt einen Masterplan für Köln. Aber es gibt keine Planung für spezielle Zusammenhänge: Wie sieht zum Beispiel der Energiebedarf in einem bestimmten Wohnviertel aus? Was bedeutet das für neue Geschäftsmodelle? Ein neues Geschäftsmodell könnte beispielsweise sein, dass jemand Keller am Rhein kauft oder mietet, die jährlich überflutet werden, um daraus Energiespeicher zu machen. Auf den ersten Blick sehr komplex und theoretisch, aber im Detail durchdacht ergeben sich spannende Fragen: Was sind das für Energiespeicher, wie müssten sie aussehen? Genau das sind für uns Elemente, die wir erst einmal als Modell diskutieren. Darauf aufbauend schauen wir uns dann an, was das denn für Materialien bedeutet, wenn ein solches Produkt interessant sein könnte.

Was kennzeichnet eine zukunftsbewusste Strategieentwicklung?

Dr. Carsten Rennekamp: Eine zukunftsbewusste Strategie sollte nicht nur auf die nächsten drei oder fünf Jahre ausgerichtet sein. Wir sind eine sehr anlagenbasierte Industrie, stellen in World-Scale-Anlagen großvolumige Produkte her, und es ist für uns erfolgskritisch, dass diese Anlagen auch zukünftig ausgelastet bleiben. Dementsprechend berücksichtigen wir für unsere Geschäftsplanung und für unsere direkten Maßnahmen eine Zukunft von 5 Jahren – aber auch die Nachhaltigkeit unserer Geschäfte in 10, 15, 20 Jahren. Wir versuchen dabei insbesondere unsere Kundenindustrien und unser Wettbewerbsumfeld zu verstehen. Schließlich möchten wir über unser bestehendes Portfolio hinaus eine langfristige Perspektive ableiten. Das geschieht natürlich auch unter der Fragestellung, wie viele Optionalitäten wir in dieser Zukunft brauchen, um in neue Geschäfte vorzudringen.

Wie sucht man heute etwas, das es noch gar nicht gibt?

Eckard Foltin: Sehr praktikabel ist eine Visualisierung – allerdings zählt das nicht zu unseren Kompetenzen, daher arbeiten wir dafür mit Designern, Hochschulen und Medienwissenschaftlern zusammen. In unseren Zukunftsnetzwerken erstellen wir über Szenarien Zukunftsbilder, und daraus leiten wir Marktbedürfnisse ab. Diese Bedürfnisse ermitteln wir in Workshops mit Wissenschaftlern, Künstlern, Architekten und Designern. Darüber kommen wir zu ganzheitlichen Konzepten und Lösungsansätzen, die aber so praktikabel sind, dass sie eine Reibungsfläche für die unterschiedlichen Partner bieten. Gute Ausgangsfragen einer Visualisierung sind: Wie siehst du die Zukunft? Brauchen wir das? Willst du das haben, oder willst du es nicht haben? Damit lenkt man eine Diskussion nicht über eine einschränkende Fragestellung wie »Das ist ja eine tolle Technologie, nicht wahr?« Wir sagen lieber: Hilf uns, unsere Projekte zu fokussieren. Damit sind wir in einem völlig anderen Fragemodus. Wir holen auch unsere eigenen Kollegen damit ab, indem wir sie danach fragen, was sie von einer Beteiligung an einem Projekt halten. Dann erhalten wir oft ein Feedback wie: »Eigentlich wäre es spannend, dabei zu sein.« Daran schließt sich die Frage an, wie denn die eigene Rolle in einer solchen Anwendung aussehen sollte. Auf diesem Weg kommen wir zu Themen, die wir auch intern diskutieren können, bis hin zu einem Geschäftsmodell.

Inwiefern profitiert Ihre Strategieentwicklung von Gaming-Ansätzen?

Dr. Carsten Rennekamp: Spiele sind für uns wichtig. Denn wir werden natürlich aus der Strategieentwicklung in unserer eigenen Organisation heraus mit sehr unterschiedlichen Glaubenssätzen konfrontiert, wie sich die Zukunft gestaltet. Szenarien sind ein Werkzeug, das Ganze aufzubrechen. Dies versetzt auch unsere interne Organisation in die Lage, über unterschiedliche Fragestellungen nachzudenken: Wie reagiert ein Wettbewerber auf Veränderung? Wie sieht er die Welt? Wie reagieren unsere Kunden auf eine sich verändernde Welt? Mit diesen Perspektiven kann man dann spielen und gemeinsam – zum Beispiel in Wargaming-Übungen – Aussagen über die Zukunft und ein Gefühl dafür erhalten, wie man letztendlich mit der Unsicherheit in der Zukunft umgehen kann. Das hilft bei einem Perspektivwechsel die Gedanken zu befreien und persönliche Paradigmen abzulösen.

Wie bleiben Supply-Chains trotz ständiger globaler Veränderungen adaptiv und flexibel?

Eckard Foltin: Wir müssen die Herausforderungen verstehen. Dazu gibt es schöne Beispiele in der Logistik. Durch Trends im Bereich Cloud-Computing entstehen neue Standards. Dazu passiert einiges in der Logistik. Hier arbeiten wir auch mit Partnern zusammen. Das sind nicht nur Industriepartner, sondern auch Partner, die auf der Methodenseite Tools entwickeln, welche Zukunftsperspektiven erlauben und Expertenmeinungen sehr schnell berücksichtigen. Hier nutzen wir in einem globalen Umfeld IT-Tools, um Gedankenmodelle rasch durchzuspielen und einen frühen Realitätscheck zu bekommen. Ein solcher Realitätscheck ist das zentrale Instrument, weil wir in einer sehr dynamischen Welt leben und entsprechend schnell Entscheidungen treffen müssen. Wir schauen uns zum Beispiel unter der Fragestellung »Wie sieht die Kühlkette aus?« ein Logistiksegment in der Lebensmittelindustrie an. Diese Kühlkette hat bestimmte Schwachstellen und bietet Potenziale, bei denen wir eine wesentliche Rolle mit dem besten Isolierstoff spielen können, nämlich Polyurethan. Wir verfügen über Entwicklungen, die deutlich dünnere Wanddicken ermöglichen und damit ein idealer Werkstoff sind, um Behälter zu kühlen. Das interessiert auch den Konsumenten, wenn es darum geht, wie die Ware zum Kunden gelangt. Wir benötigen also Partner und konkrete Bilder, um diese Dinge als komplette Logistikkette zu visualisieren. Das verschafft uns Erkenntnisse über Themen, an die wir zuvor gar nicht gedacht haben. Eine Küche der Zukunft hat ja zum Beispiel ganz andere Bedeutungen für die Supply-Chain: Möglicherweise bekomme ich Ware angeliefert, die gekühlt bleiben muss, wenn ich gar nicht zu Hause bin.

Für uns sind Partner wichtig, die wie wir Spaß an der Zukunft haben. Zukunft macht Spaß! Innovationen aus Kooperationen zu entwickeln, das ist das Neue. Wir wollen gemeinsam mit Partnern und Kollegen die Zukunft gestalten. Das ist das, was Spaß macht – ich glaube, in 20 Jahren werde ich zurückblicken und mit Freude sagen: Daran hast du mitgearbeitet!

Das Spiel um die Zukunft

Kann man um die Zukunft spielen? Es kommt darauf an, wie man ein Spiel versteht. Gute Schachspieler spielen, indem sie möglichst viele Entwicklungen durchdenken. Sie wissen, dass es zur Niederlage führt, auf nur eine Spielentwicklung zu setzen. Sie wissen aber auch um die Grenzen ihrer Analysefähigkeiten – und halten die damit verbundene Unsicherheit aus. Ein Spiel ist prinzipiell offen. Die klassische strategische Planung spielt nicht, sie ist vielmehr linear ausgerichtet. Sie setzt zumeist auf eine Prognose, die sie eisern zu Ende denkt. Damit ist sie in den letzten Jahren jedoch an ihre Grenzen gestoßen. Vielleicht hätten die Unternehmensstrategen besser öfter gespielt. Das Spiel heißt Szenarioplanung, mittels derer Entscheider systematisch alternative »Zukünfte« simulieren und für die Planung nutzen können. In Deutschland spricht man gern von Zukunftsforschung – als gäbe es nur die eine Zukunft. Im Englischen spricht man aber von »Futures Research«, also der »Zukünfteforschung«.

Die Zukunft ist multidimensional: wahrscheinlich, überraschend, möglich, wünschenswert. Eine Zukunftsforschung, die nicht blind gegenüber der Welt ist, blickt auf mehrere Szenarien. Sie nähert sich ihnen spielerisch, indem sie unterschiedliche Perspektiven und Instrumente, Sichtweisen und Methoden einsetzt. Die Szenariotechnik ist nicht das Spiel gegen die Unvorhersagbarkeit – sie ist ein Spiel mit ihr. Sie ist auch eine Wissenschaft, die wie jede andere Wissenschaft ihren strengen Gütekriterien folgt: Relevanz, logische Konsistenz, Einfachheit, Überprüfbarkeit, terminologische Klarheit, Prämissen, Transparenz. Sie ist aber auch Kunst, die sich in der Kommunikation von Szenarien, im Storytelling, im Mix visueller und textueller, emotionaler und kognitiver Komponenten offenbart.

Muss man zum Zukunftsforscher geboren sein? Sicher nicht. Zukunftsforschung kann man lernen – allein an 50 Universitäten weltweit, mit Bachelor, Master und Doktor. Es gibt Methoden, etablierte Prozesse und Strukturen. Es gibt mehr als 30 spezielle Tools, die der Methodenbaukasten der Zukunftsforschung für den Manager bereithält – von der Szenariotechnik über die Delphi-Methode, Roadmapping und Backcasting bis hin zu Prognosemärkten.

Aber ist das Planen mittels Szenarien nicht eben doch (nur) ein Spiel? Sind Szenarien zum Beispiel nur dann erfolgreich, wenn sie auch eintreffen? Im Todesjahr von Elvis Presley gab es 48 Elvis-Imitatoren, im Jahr 2000 geschätzte 35.000. Heißt das, im Jahr 2030 wird jeder zweite Erdbewohner ein Elvis-Imitator sein? Wohl kaum. Szenarien managen Unsicherheit, solche linearen Prognosen wollen Unsicherheit minimieren. Vier von fünf Prognosen erweisen sich jedoch als falsch. Wer mit Szenarien arbeitet, will nicht die Anzahl der Elvis-Imitatoren in 20 Jahren ausrechnen. Szenarien sind vielmehr plausible, in sich konsistente narrative Beschreibungen denkbarer Zukünfte, die auf einem komplexen Netz von Einflussfaktoren beruhen. Den Anspruch, die eine wahre Zukunft vorherzusagen, hat die Szenariotechnik nicht.

Aber zahlt sich eine so verstandene Zukunftsforschung aus? Und ob! Studien aus den letzten Jahren belegen, dass die Langfristplanung mittels geeigneter Instrumente wie Szenarien über die nächsten zehn Jahre hinaus einen signifikant höheren Total Shareholder Return generiert als der von kurzfristigen Prognosen getriebene Managementansatz. Das ist vor allem eine Frage des Mindsets, der Sensibilität im Umgang mit Wandel und Ungewissheit. Szenarien sind immer dann erfolgreich, wenn sie ein Zukunftsbewusstsein schaffen, Wandel einleiten, den Blick über den Tellerrand erlauben, Aha-Effekte auslösen. Wenn sie die Bereitschaft zum Spiel steigern. Denn ein komplexes Spiel ist das halb methodische, halb intuitive und situative Vorantasten, die Fähigkeit, sich auf unterschiedliche Spielverläufe einzustellen.

Um zu spielen, muss man nicht groß sein. Fußball lässt sich auch auf dem Bolzplatz spielen, nicht nur in der Allianz-Arena. Es gibt Szenarioprojekte, die mehrere Jahre dauern, komplexe Software einsetzen und Millionenbudgets verschlingen. Fair enough. Es gibt aber auch Szenarioprojekte, bei denen in ein- oder zweitägigen Workshops ebenso gut Entscheidungen vorbereitet werden. Zukunftsforschung ist hoch skalierbar. Das ist so, weil es vor allem darum geht, überhaupt in die Zukunft zu schauen. Und das ist nicht selbstverständlich. Die Managementforscher Prahalad und Hamel haben herausgefunden, dass Manager durchschnittlich nur 2,4 Prozent ihrer Arbeitszeit an das denken, was man gemeinhin »Zukunft« nennt. Das ist nicht gerade viel, und es wäre schon viel damit gewonnen, die 80/20-Regel anzuwenden. Denn wir wollen die Zukunft ja nicht voraussagen, sondern voraus*denken*. Im ersten Schritt bedarf das keiner komplexen methodischen Apparate. Es geht – man kann es nicht oft genug wiederholen – um Offenheit und Sensibilität für schwache Signale.

Schauen Sie doch mal hinaus: Zukunftsforschung ist keine Geheimwissenschaft. Sie findet ständig und überall statt. Und offen. Sie ist nicht mehr das, was sie zu Zeiten der RAND Corporation war. Sie entfaltet sich nicht hinter Stacheldrahtzäunen. Selbst Hollywood arbeitet szenariobasiert – und bringt Szenarien auf die Leinwand. Das Stichwort heißt »Open Foresight«. Zukunftsforschung ist heute ein offenes, kollaboratives, partizipatives, globales Netzwerk. Zukunftsforschung ist gesellschaftlicher Dialog: ein Drittel Szenarioentwicklung, zwei Drittel Transfer und Kommunikation.

Was sind die Schlussfolgerungen?

Zukunftskompetenz heißt vor allem vorausschauende Intelligenz

Das bedeutet vor allem, sich nicht nur mit wahrscheinlichen, naheliegenden Szenarien zu beschäftigen, sondern auch potenzielle Megaüberraschungen, Wildcards und schwarze Schwäne mitzudenken. Zum Spielen brauchen wir vorausschauende Intelligenz: Denn wer nur auf Zwänge reagiert, statt zu agieren, wird selten ein Spiel gewinnen. Es geht darum, die Zukunftskompetenz aufzubauen – mittels entsprechender Denkweisen, Instrumente und Methoden. Szenarien sind ein wichtiger Bestandteil davon.

Zukunftskompetenz heißt, in Alternativen zu denken

In Sachen Zukunft sollten wir nicht alles auf eine Karte setzen – das gebietet schon der gesunde Menschenverstand. Und das zeigt die historische Perspektive: Die Geschichte unserer Zivilisation ist die Geschichte überraschender und unerwarteter Wendungen. Stellen wir uns vor, dass die Nachfrage einbricht, weil Wettbewerber radikale Innovationen auf den Markt bringen. Stellen wir uns vor, dass politische Entscheidungen die Straße von Malakka blockieren, durch die zwei Drittel des Welthandels gehen. Wir sollten uns viele mögliche Zukünfte erspielen – durch Scoring-Modelle, Wargaming-Simulationen, empirische Tests und auch durch unsere Fantasie. Keine Idee ist so verrückt, dass sie nicht zumindest einmal ausgesprochen werden sollte. Und die Zukunft ist oft verrückter als jede Idee.

Zukunftskompetenz heißt, Entscheidungen durch Szenarien robust und nachhaltig zu machen

Der Erfolg strategischer Programme hängt maßgeblich von externen Rahmenbedingungen ab. Stellen wir deshalb unsere Strategien auf die Probe: In welchem Szenario passen sie nicht? Wie sollte man dann reagieren? Haben wir einen Plan B? Lässt sich eine One-fits-all-Strategie realisieren?

Zukunftskompetenz heißt Offenheit und Innovation

Zukunftsplanung ist keine Closed-Shop-Veranstaltung. Nur wenn wir alternative Sichtweisen kennen, können wir die blinden Flecken in unserem Bild schließen und ein differenziertes Bild möglicher Zukünfte entwickeln. Durch aktive Vernetzung mit unterschiedlichen Institutionen, Zukunftsworkshops mit Kunden und Zulieferern oder Partnerschaften jenseits der üblichen Verdächtigen können wertvolle neue Einsichten gewonnen werden.

Zukunftskompetenz heißt, reaktionsfähig zu sein und die Zukunft aktiv zu gestalten

Durch die Entwicklung von Szenarien zu einem von der OPEC induzierten Preisanstieg in den 70er Jahren konnte Shell schneller und besser reagieren als die Mitbewerber und übernahm die Marktführerschaft. Wer unwahrscheinliche Ereignisse antizipiert, fällt nicht in Schockstarre, wenn sie eintreten. Wenn wir die wünschenswerten Szenarien kennen, können wir auch daran arbeiten, sie wahrscheinlicher zu machen – durch gezielte Investitionen, Lobbying oder gesellschaftliche Impulse. »The best way to predict the future is to create it«, wie Peter Drucker es ausdrückte.

Dr. Heiko von der Gracht,
Leiter Think Tank Zukunftsmanagement, Institute of Corporate Education e. V.
(incore)

5. Outernet

Trend Insight

Das Outernet ist die technische Infrastruktur von morgen. Es hatte seine Geburtsstunde, als das Internet aus den Desktop-Computern auf die Straße explodierte und sich die Möglichkeiten der Verlinkung, der Suche, der Personalisierung und der Interaktion auf die reale Welt übertrugen. Durch das Outernet ist das Digitale wie Sauerstoff – so selbstverständlich, dass wir es als solches nicht mehr wahrnehmen und es sich nahtlos in unsere Lebensbereiche, Infrastrukturen, Prozesse und Gegenstände integriert.

Ging es bei der alten Internetlogik primär um die Verknüpfung und Vernetzung von Menschen und Informationen, so erweitert sich dieses Spektrum im Outernet um drei wichtige Dimensionen: den Ort, die Zeit und die dingliche Welt. Es vernetzen sich People (Menschen), Things (Dinge), Places (Orte) und Time (Zeit) – kurz PTPT.

Dabei nimmt vor allem der Ort – der als Konzept im Digitalen bislang weitestgehend unberücksichtigt geblieben ist – eine Schlüsselrolle ein. Das spiegelt sich auch in den populärsten Anwendungen wider, die auf mobilen Endgeräten genutzt werden: Google Maps (Navigation), The Weather Channel (Wetterbericht) oder Foursquare (Standortmeldung) – all diese Anwendungen ergeben nur durch den Bezug zu realen Orten einen Sinn. Die räumliche Distanz zwischen Menschen sowie zwischen den Menschen und den Dingen dient dabei als wichtiger Relevanzfilter.

Angetrieben durch die Miniaturisierung elektronischer Bauteile wie Mikroprozessoren, Speichermodulen, Sensoren und Kommunikationskomponenten vereint sich im Outernet das mobile Web mit dem »Web of Things«. Das Technologieunternehmen Cisco schätzt, dass im Jahr 2020 rund 50 Milliarden Dinge mit Internetressourcen vernetzt sein werden – das wären mehr als sechs Gegenstände pro Erdenbürger.[31] Dadurch wachsen intelligente Sensornetzwerke heran, die verschiedenste Umweltfaktoren, wie zum Beispiel Standorte, Bewegungsmuster, Umgebungsgeräusche oder reale Objekte (Autos oder Warensendungen) automatisch wahrnehmen und interpretieren können.

Die Menschen treten in eine neue Beziehung zu den Objekten und Informationen, zum Beispiel wenn ein physisches Produkt seine Herkunftsgeschichte stets mit sich tragen und wiedergeben kann. Zudem liefern die mithilfe der Sensoren gewonnenen Daten neue Entscheidungsgrundlagen, etwa bei der Routenplanung, bei der Beurteilung des Gesundheitszustands oder der Frische von Lebensmitteln. Das von dem Briten Hannes Harms entwickelte System »NutriSmart« basiert etwa auf essbaren RFID-Funkmodulen, die neben verschiedenen Informationen, wie zum Beispiel Allergieinformationen oder Nährwerten, auch die gesamte Versorgungskette eines Lebensmittels aufzeigen.

Die logische Konsequenz daraus ist die Realisierung eines adaptiven und lernfähigen Verhaltens smarter Dinge – sie bekommen ein Bewusstsein von sich und ihrer Umwelt und können auf diese unmittelbar reagieren. Die materielle Welt selbst wird sensibel und reaktionsfähig hinsichtlich der aktuellen Bedürfnisse des Menschen.

Verschiedenste Technologien fungieren bei dieser Entwicklung als Triebkräfte und werden den Transformationsprozess vom Internet zum Outernet weiter beschleunigen: Ortungs- und Sensortechnologien,[32] der Mobilfunkstandard LTE,[33] die nächste Internet Protocol Version 6 (IPv6), die es ermöglicht, jedem physischen Produkt eine eigene IP-Adresse zuzuweisen,[34] sowie Post-PC-Produkte, wie zum Beispiel Smartphones oder Tablets und andere, neue Interfaces, die etwa auf Oberflächen projiziert oder in diese integriert werden können und intuitiv durch Gesten- oder Stimmenerkennung bedient werden.

Das Zusammenspiel der Technologien lässt Städte zu Smart Citys werden, in denen eine dezentrale, selbstorganisierende, adaptive Steuerung von Material-, Waren- und Verkehrsflüssen möglich wird. Wenn die physische Welt durch Sensoren eigene Augen und Ohren bekommt, ist plötzlich auch die Vision der Warenlieferung in Echtzeit erstaunlich nah: Wer und was ist gerade wo und wird wann wo sein? Fragen, die eine Outernet-Infrastruktur von alleine beantworten kann – und die bereits von Pionieren wie beispielsweise dem Unternehmen Shutl in London aufgegriffen werden.

Das Outernet führt zu einer Demokratisierung von Logistikprozessen und mischt dabei auch das Spiel um die »letzte Meile« auf. Logistiknetzwerke wer-

---

31 http://www.cisco.com/web/about/ac79/docs/innov/IoT_IBSG_0411FINAL.pdf
32 Wie zum Beispiel GPS, Galileo oder per Radio/Lichtfrequenz, wie zum Beispiel RFID, NFC oder eGrains.
33 LTE ist der Mobilfunkstandard der nächsten Generation, der eine Übertragungsgeschwindigkeit von bis zu 300 Megabit pro Sekunde ermöglicht.
34 Der Adressraum wird auf 340 Sextillionen Anschriften erweitert. Das ist eine Zahl mit 36 Nullen.

den mit den intrastädtischen Verkehrsströmen harmonisiert und dadurch hocheffizient und transparent. Eine innerstädtische Tür-zu-Tür-Lieferung erfolgt dann zum Beispiel unter Einbindung modaler Individualmobilitätskonzepte (wie etwa Car2Go) oder unbemannter Elektrovehikel.

Mit dem Eintritt in das postdigitale Zeitalter erhält die physische Welt einen digitalen Schatten, und die Frage nach der Verfügbarkeit steht im permanenten Fokus. Das Outernet kann dabei helfen, diese Frage zu beantworten, denn es schafft Wissen und Transparenz durch die Verknüpfung der analogen und der digitalen Welt und wird dadurch zur Anwendungsplattform für die Geschäfts- und Logistikprozesse der Zukunft.

Torsten Rehder,
TrendONE GmbH

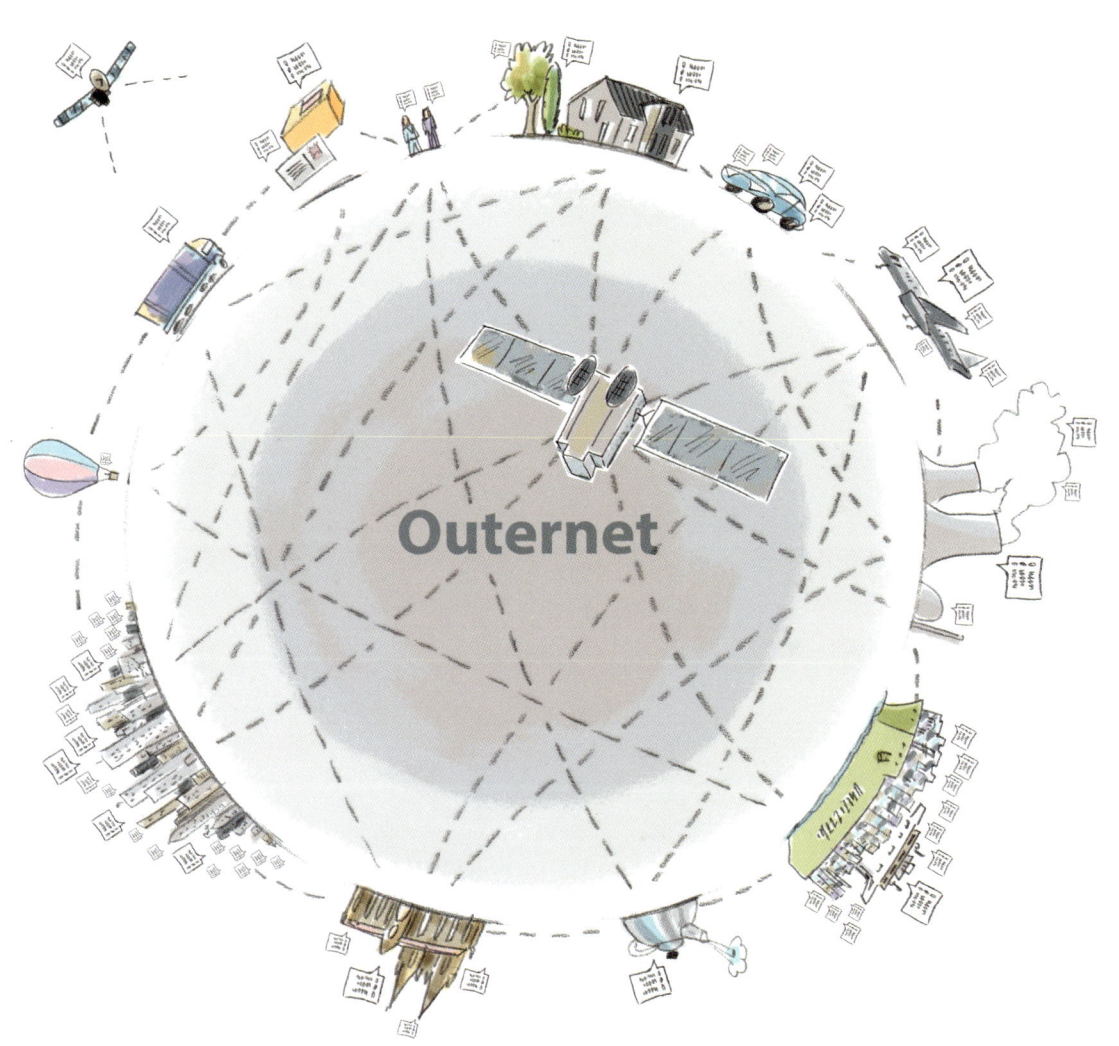

»Alles wird verbunden sein« – wie M2M-Kommunikation die Geschäftswelt verändern wird

Gespräch mit Oozi Cats,
CEO, Telit Communications PLC

Welche Erfolgsgeschichte hat Telit bisher zu erzählen?

Nun, ich denke, der Erfolg von Telit basiert auf unserer relativ frühen Erkenntnis – 2000/2001 – dass die Machine-to-Machine-Kommunikation, kurz M2M, einen entscheidenden Beitrag zum nächsten entwicklungstechnischen Quantensprung unseres Universums, der Technologisierung und der Weltbevölkerung leisten wird. Dabei geht es mir weniger um die Verbrauchertechnologien und -geräte, die schon heute in unserem Leben allgegenwärtig sind, sondern um die echte Einbindung von Maschinen in unseren Alltag, die unsere Zivilisation in das neue Jahrtausend bringen.

Wie verändert M2M-Kommunikation Geschäftsprozesse?

Es ist uns gelungen, Telit im Zentrum der Welt der M2M-Kommunikation zu positionieren. Heute sind wir im Grunde der zentrale Technologieanbieter für Kommunikationsbauteile, die dann in die verschiedenen Maschinen integriert werden und die Menschheit ins nächste Jahrtausend bringen. Um die Frage zu beantworten, wie diese Entwicklung in der Praxis aussieht, müssen wir uns genauer mit den verschiedenen  vertikalen Massenmärkten beschäftigen. Erst dann können wir das enorme Ausmaß der Durchdringung unserer Welt durch Maschinen verstehen und sehen, dass wir dennoch nach wie vor ganz am Anfang der Entwicklung stehen.

Vertikale Märkte wie die Fahrzeugtelematik, alle bewegten Dinge, die Telemetrie (im Grunde eine Fernmessung) oder Lösungen und Systeme für eine Fernsteuerung, Gesundheitsgeräte, Alarmsysteme und Videoüberwachung als Sicherheitskomponenten oder die kleinen Terminals, die am POS, in Restaurants oder im Außenbereich zum Einsatz kommen: Alles wird miteinander verbunden. Und wird Teil dessen werden, was wir heute als »Internet der Dinge« bezeichnen. Dabei geht die Vernetzung weit über die geläufige Bedeutung eines Internets der Dinge hinaus, das wir heute in der Regel nur mit Verbrauchergeräten in Zusammenhang bringen. Ich spreche hier aber von Geräten und Bauteilen, die nicht für den Verbraucher konzipiert, die weder modisch noch sexy sind. Von alten und neuen Geräten, die die Grundlage für eine neue Lebensweise bilden.

Welche Auswirkungen hat M2M auf globale Trends wie Megacitys und den demografischen Wandel?

Megacitys leiden unter Dauerstau; den Verkehr sinnvoll zu steuern ist eine Mammutaufgabe. Wenn der öffentliche Personennahverkehr benutzerfreundlicher wird und immer mehr Menschen ihr Auto in der Garage lassen, wird das enorme Auswirkungen auf die Verkehrsdichte haben. Und natürlich ist das nur ein winziger Aspekt all dessen, was eine »Smart City« ausmacht. Im Falle von Bus und Bahn informiert das System die Fahrgäste beispielsweise exakt darüber, wann die nächste Haltestelle erreicht wird. So wissen Fahrgäste, wann es Verspätungen gibt – man kann sie auf einer Karte nachvollziehen und sich in dieser sehr modernen und vernetzten Welt darauf einstellen.

Natürlich sind auch Strom- und Energieversorgung in diesem Zusammenhang wichtig. Ein weiterer Faktor sind das Gesundheitswesen und die Versorgung älterer Menschen. Wir erleben gerade, dass im Gesundheitswesen Geräte mit einer Kommunikationsfunktion zur Überwachung der Herz-Kreislauf-Situation zwei Drittel der älteren Patienten bei Arztbesuchen unterstützen. In den USA spart der Kunde damit 5.000 Dollar pro Jahr. Diabetiker suchen bei vollständiger Überwachung durch ein M2M-Gerät, das auf die Blutzuckermesswerte zugreifen kann, halb so oft einen Arzt auf und können ihren Zustand stabiler halten. All diese Informationen von Kardio- und Diabetespatienten werden selbstverständlich in der Cloud gespeichert, und auch das Feedback kommt aus der Cloud.

Alarmsysteme und Videoüberwachung bieten auch älteren Menschen zusätzliche Sicherheit. So wurde beispielsweise nachgewiesen, dass sich die Kriminalität an Orten mit bis dahin verstärkter krimineller Tätigkeit durch Videoüberwachung um 90 Prozent senken ließ. Und all das ist nur die Spitze des Eisbergs.

Man muss sich nur vor Augen halten, dass ein Unternehmen wie Telit 5.000 Kunden bedient – 5.000 OEMs und Systemintegratoren. Jedes dieser Unternehmen hat eine andere Idee und einen anderen Ansatz für die M2M-Kommunikation.

Gibt es auch im Bereich des Supply-Chain-Managements neue Ideen?

Natürlich werden alle Container weltweit mit einem M2M-Bauteil ausgestattet sein, das Standortinformationen übermittelt; Informationen dazu, wann der Container geöffnet oder geschlossen wird et cetera. Kommunikationsbauteile in Flugzeugen und Schiffen werden mit den Piloten und Containern kommunizieren, um langfristige Informationen über deren Reiserouten zu übermitteln, und so weiter und so fort. Auch im Supply-Chain-Management wird also alles mit allem verbunden sein. Supply-Chain-Manager in aller Welt werden sehr viel besser darüber Bescheid wissen, welche Waren sie in ihrem Bestand haben, was gerade unterwegs ist, was gebaut wird.

Was erwarten Sie in den kommenden Jahren für Telit?

Wir sind heute in einer Position, in der wir den nächsten Schritt gehen und die Grundlagen für die Lieferkette einer komplexen Zukunft schaffen können: die Lieferkette der Umgebung der Kunden, die wir unterstützen. Wenn wir also sorgfältig untersuchen, was diese Kunden außerdem benötigen, und uns an die wichtige Botschaft erinnern, nicht mit unseren Kunden in Wettbewerb zu treten, dann finden wir heraus, dass insbesondere mehr Konnektivität gefragt ist, außerdem einige Mehrwertservices zu unseren Kommunikationsbauteilen, vor allem im Hardware- und Softwarebereich. Wenn wir zum Anbieter von Mehrwertservices und Konnektivität werden, können wir bis in alle Ewigkeit mit den Bauteilen in Kontakt bleiben, die wir verkaufen. Durch FOTA (kurz für Firmware-Upgrades over the air) – eine Funktion, die wir bereits seit 2008 anbieten – können wir über die Luftschnittstelle mit diesen Millionen Komponenten Verbindung aufnehmen, neue Features und Services ergänzen, neue Software einspielen und über ihre gesamte Lebensdauer Support anbieten.

Wenn wir also ins Jahr 2030 blicken, das noch weit, weit in der Zukunft liegt, dann wird Telit weiterhin mit Geräten arbeiten, die – metaphorisch gesprochen – die Immobilien sind, in die wir investieren. Diesen Besitz, der sich über viele Millionen Bauteile in aller Welt erstreckt, können wir dann durch die erforderlichen Services, Mehrwertdienste und Konnektivität unterstützen und damit die Gesamtbetriebskosten senken, wie es unsere Kunden erwarten.

Smarte Strategien für eine (total) vernetzte Welt

»You have to get better in believing the impossible!«

Kevin Kelly, *Wired Magazine*

Reale Simulation: Das Outernet als Welterweiterung

Das Outernet als Verlängerung des Internets in die reale Welt ist nicht nur ein bahnbrechender Technologiesprung und wichtiger Evolutionsschritt in der Informationstechnologie. Die Synthese von Realität und Virtualität markiert auch einen Paradigmenwechsel in unserer Wahrnehmung der Welt: Wurde früher das Reale »simuliert« (zum Beispiel in Bildern, Büchern, Filmen), so wird heute die Simulation selbst real. In Zukunft sind viele Objekte der physischen Welt nicht einfach nur die Gegenstände, wie wir sie auf den ersten Blick wahrnehmen. Vielmehr sind sie ausgestattet mit einer zweiten Bedeutungs- und Interaktionsebene, die unsere Handlungsmöglichkeiten immens erweitert.

Die Entwicklungen rund um das Outernet haben zum Teil dramatische Konsequenzen für Branchen und Unternehmen. Geschäftsmodelle und Strategien stehen auf dem Prüfstand, sollte sich das Outernet derart schnell und umfangreich ausbreiten wie das Internet. Und wahrscheinlich wird es dazu kommen, denn das Outernet wird durch mächtige Treiber angeschoben:

- Der Haupttreiber ist der technologische Fortschritt: Innovationen, Leistungsverbesserungen und Miniaturisierungen in den Bereichen Mikroprozessoren, Sensoren, Hardware/Endgeräte, Software/Apps und Telekommunikationsnetze.
- Die hohe Wettbewerbsintensität in vielen Branchen sowie ein wachsender Kosten- und Effizienzdruck verlangen von Unternehmen innovative Lösungen oder optimierte Geschäftsprozesse.
- Auch die sich wandelnden Kundenbedürfnisse und der Trend hin zu »Customer-Centricity« beschleunigen die Entwicklung des Outernets. Durch den Einsatz von Augmented Reality können Kundenansprache und Kundenbindung vereinfacht beziehungsweise verbessert werden.

- Und schließlich steht das Internet der Dinge weltweit im Mittelpunkt zahlreicher Forschungsprojekte, die vielfach auch politisch gezielt gefördert werden.

Das Zeitalter des Outernets hat gerade erst begonnen – die Frage nach seiner Relevanz stellt sich jedoch bereits heute nicht mehr, denn es handelt sich um einen evolutionären, tief greifenden und unumkehrbaren Veränderungsprozess. Die Unternehmen werden sich anpassen müssen – ob sie wollen oder nicht. Wer allerdings zu lange abwartet, wird von der rasanten Entwicklung überholt. Nicht immer frisst der Große den Kleinen. Im Outernet gilt: Der Schnelle frisst den Langsamen.

Smart Business: Strategieansätze und Handlungsempfehlungen

Die entscheidenden Fragen für Unternehmen lauten deshalb: Wie soll man auf die skizzierten Entwicklungen reagieren? Welche Strategien, Maßnahmen und Produkte müssen entwickelt werden? Wie kann das Outernet für die eigenen Zwecke nutzbar gemacht werden?

Be prepared: Vorgehensweise und Handlungsfelder

Zunächst ist es wichtig, die Entwicklungen von Augmented Reality und dem Internet der Dinge im Blick zu haben und sorgfältig zu beobachten. Unternehmen sollten sich schon heute mit der Thematik beschäftigen, auch wenn der große Durchbruch des Outernets vielleicht erst in einigen Jahren erfolgt.

In Analogie zu den Anfängen des Internets und der damals benötigten Onlinestrategie beginnt die Annäherung an das Outernet mit der Formulierung einer »Outernet-Strategie« für die vernetzte Welt von morgen. Wie soll sich das Unternehmen im Outernet positionieren? Was soll damit erreicht werden? Wie können die Möglichkeiten des Outernets sinnvoll für das eigene Geschäft und zur Stärkung der Wettbewerbsposition genutzt werden? Im Anschluss erfolgen eine Analyse der aktuellen Situation sowie die Identifikation von Handlungsfeldern und geeigneten Outernet-Lösungen. Dabei gehören alle Produkte, Dienstleistungen und Prozesse auf den Prüfstand: Welche Maßnahmen müssen zur Umsetzung der Outernet-Strategie eingeleitet werden? Wo gibt es Optimierungs- und Innovationsbedarf? Welche Produkte, Services oder Prozesse lassen sich digitalisieren, vernetzen und mit den Tools des Outernets verbinden?

Augmented Reality und das Internet der Dinge eröffnen also neue Optimierungspotenziale auf verschiedenen Wertschöpfungsstufen beziehungsweise Prozessebenen. Die Umsetzung der Outernet-Strategie orientiert sich primär an diesen Handlungsfeldern:

- **Beschaffung:** Gezielter Einsatz von Outernet-Technologien, um Einkaufsprozesse zu optimieren (Stichworte: M2M, RFID, digitale Lieferantennetzwerke, automatisierte Transportsysteme).
- **Produktion:** Gezielter Einsatz von Outernet-Technologien, um Produktionsprozesse zu optimieren (Stichworte: Simulation, digitale Fabrik, Industrie 4.0).
- **Vertrieb:** Gezielter Einsatz von Outernet-Technologien, um Marketing- und Vertriebsprozesse zu optimieren (Stichworte: Personalisierung, 3-D-Visualisierung, Consumer-Experience).
- **Service:** Gezielter Einsatz von Outernet-Technologien, um Serviceleistungen zu optimieren oder attraktive Mehrwertdienste anzubieten (Stichworte: Bewegungs- und Nutzerprofile, individueller Kundenservice, hybride Produkte).

Become smart: Handlungsempfehlungen

Abschließend ein paar Anregungen und Empfehlungen für Unternehmen, um erfolgreich in die neue Erlebniswelt des Outernets zu expandieren.

- **Multi-Device- und Multi-Touchpoint-Strategien entwickeln:** Die verschiedenen Geräte, Kanäle und Touchpoints (zum Beispiel Laden, Plakat, Fernsehen, Computer, Smartphone) derart intelligent und spezifisch nutzen, dass sich der Kunde in unterschiedlichen Situationen verstanden und begleitet fühlt. Jeder Touchpoint verlangt eine spezielle Kundenansprache und Interaktionsform.
- **Orientierung und Entscheidungshilfen geben:** In der komplexen, vielfältigen und unüberschaubaren Welt des Outernets wird ein Unternehmen umso erfolgreicher sein, je besser es ihm gelingt, den Menschen Orientierung zu geben und ihnen Entscheidungen zu erleichtern (beziehungsweise sogar abzunehmen). Diesbezüglich gibt es mindestens drei geeignete Maßnahmen:
  - **Smartphone besetzen:** Das Smartphone ist der Zugang zum Konsumenten, das »strategische Nadelöhr der Zukunft«.[35] Hier entscheidet sich, ob ein Unternehmen seinen Kunden erreicht oder nicht. Jedes Unternehmen

---

35 Jánszky, S.; Schildhauer, T.: *Vom Internet zum Outernet. Strategieempfehlungen und Geschäftsmodelle der Zukunft in einer Welt der Augmented Realities,* 2010

sollte also geeignete Apps entwickeln, um seine Kunden anzusprechen, zu begleiten und zu beraten.

- **Filter und Assistenten einsetzen**: In Zukunft werden sich die Nutzer mithilfe von Filtern und virtuellen Assistenten durch das Internet und Outernet bewegen, um die Informationsflut zu steuern und nach eigenen Bedürfnissen zu sortieren. Unternehmen laufen Gefahr, herausgefiltert zu werden und damit den Zugang zum Konsumenten zu verlieren. Um dies zu vermeiden, sollten Unternehmen einen eigenen Software-Assistenten entwickeln, »der ihre Kunden im Alltag begleitet, deren Nutzungsdaten erfasst, auswertet und darauf basierend ihren Kunden individuelle Angebote macht«.[36]

- **Vorausschauende und kontextuelle Ansprache:** Werbung im Outernet funktioniert als zielgenaue, kontextabhängige und individualisierte Ansprache, die den Kunden nicht nervt, sondern ihm Orientierung gibt. »Werbung wird zum Service und die Marke zum guten Freund.«[37] Zudem sollten Unternehmen proaktiv agieren und dem Kunden bereits im Vorfeld passende Informationen und Angebote übermitteln. Durch eine intelligente Analyse von Kundendaten und Benutzerprofilen weiß das Unternehmen meist früher als der Kunde, was diesen interessieren oder gut für ihn sein könnte.

• **Vertrauen schaffen:** Eine zentrale Erfolgsgröße in zukünftigen Kundenbeziehungen ist das Vertrauen.[38] Erfolgreiche Unternehmen agieren als »Trusted Partner« in der komplexen Welt des Outernets. Vertrauen entsteht durch Zuverlässigkeit, Transparenz und Wertschätzung sowie durch einen sensiblen und sorgsamen Umgang mit den persönlichen Daten der Kunden.

• **Adaptive Produkte entwickeln:** Flexibilität und Individualität werden im Zeitalter des Outernets weiter gesteigert. Entsprechend müssen auch Produkte und Dienstleistungen weiter flexibilisiert und individualisiert werden. Produkte werden zunehmend »adaptiv«, das heißt, sie können ohne große Vorausplanung an veränderte Wünsche und verschiedene Nutzungssituationen des Kunden angepasst werden.[39] Dabei ist es hilfreich, den Kunden aktiv in den Prozess der Produktentwicklung und Serviceoptimierung zu involvieren.

• **Strategische Kooperationen und exklusive Partnerschaften eingehen:** Outernet-Strategien sind schwerlich alleine umzusetzen. Entweder fehlt es an Know-how und Ressourcen, oder die Investitionskosten sind zu hoch. Die Expansion in die neue Wirklichkeit des Outernets sollte daher mit geeigne-

---

36 Ebenda
37 TrendONE/Proximity: The Outernet. Say hello to the wild world web!, 2010
38 Jánszky, S.; Schildhauer, T.: *Vom Internet zum Outernet. Strategieempfehlungen und Geschäftsmodelle der Zukunft in einer Welt der Augmented Realities*, 2010
39 Ebenda

ten Kooperationspartnern erfolgen (zum Beispiel mit Technologieführern, Softwareentwicklern, Medien, Handel, Gastronomie oder mit Städten und Kommunen).

Technologien, Gegenstände und Konsumenten werden zunehmend »smart« im Sinne von digital, vernetzt und intelligent. Wenn das betriebswirtschaftliche Umfeld smart wird, dann müssen auch Unternehmen smart werden und ihre Strategien, Geschäftsprozesse, Produkte und Services derart umgestalten, dass sie mit den veränderten Marktbedingungen kompatibel sind. Die intelligente Nutzung des Outernets verspricht nicht nur enorme Effizienzsteigerungen, es ist der zukünftige Marktplatz und Treffpunkt der Konsumenten. Be prepared. Become smart.

Jan P. Voller,
Manager Markets, KPMG

6. Big Data

Trend Insight

Maß man die Kapazität von Floppy-Disks in den 80er Jahren noch in Kilobyte, wurden zu Beginn der PC-Ära Megabyte geläufig. In den 90er Jahren lernten Computerbesitzer die Einheit Gigabyte kennen, heute kaufen sie schon Terabyte-Festplatten. Wer auf die nächsten Jahre vorbereitet sein möchte: Nach Terabyte kommt Petabyte, gefolgt von Exabyte, Zettabyte und Yottabyte. Die Datenmengen, die Mensch und Maschine produzieren, wachsen dynamisch – das zeigt schon der Wandel des Vokabulars, um sie zu beschreiben.

Als Faustregel gilt, dass sich alle fünf Jahre die Datenmenge verzehnfacht. Warum aber steigt die Datenmenge so stark an, wieso ist »Big Data« zu einem festen Begriff in der Diskussion über die Zukunft des Informationszeitalters geworden? Die wohl wichtigste Veränderung im Vergleich zu den ersten Dekaden des Computerzeitalters ist in diesem Zusammenhang das Aufkommen von Cloud-Services. Die meisten Daten werden nicht mehr lokal auf Festplatten gespeichert, sondern »in der Cloud«, also riesigen Serverfarmen irgendwo auf der Welt. Der Nutzer hat so von verschiedenen Endgeräten permanent Zugriff auf seine Daten. Die Speicherkapazität ist dort quasi grenzenlos, weiterer Platz auf Servern ist günstig zukaufbar. Niemand muss sich beschränken, jeder kann rund um die Uhr Daten produzieren und speichern.

Ein weiterer Grund für das Datenwachstum ist die zunehmende Nutzung des Internets über mobile Geräte wie Smartphones und Tablets, von denen immer mehr im Umlauf sind.[40] Die Zeitspanne, in der Menschen datenproduzierende Geräte nutzen, steigt dadurch deutlich an. Schon heute erfolgen 10 Prozent der

---

40 Belief sich der weltweite Absatz von Smartphones 2010 auf rund 297 Millionen Geräte, waren es 2011 schon 472 Millionen. http://de.statista.com/statistik/daten/studie/12856/umfrage/absatz-von-smartphones-weltweit-seit-2007/

weltweiten Internetnutzung auf mobilen Devices. Bis Ende 2013 wird sich dieser Anteil auf über 17 Prozent erhöhen.[41]

Ebenso von Bedeutung ist die stetige Zunahme der Funktionen moderner Smartphones, die Daten generieren. Aktuelle Modelle werden schon permanent geortet, sie kommunizieren über WLAN oder Bluetooth mit ihrer Umgebung, verschicken und empfangen Nachrichten und greifen auf Webinhalte wie Nachrichten, Fotos oder Videos zu oder schaffen sie selbst. In naher Zukunft werden Sensoren an Mobiltelefonen für eine Vielzahl weiterer Daten sorgen. »Sensordrone« von Sensorcron aus den USA ist so ein Gerät, das mit Android-Smartphones verbunden wird und dieses im Zusammenspiel mit verschiedenen Apps zum Luftdruckmesser, Alkoholmessgerät oder Gasleckdetektor macht. Die Nutzer der Crowdfunding-Plattform Kickstarter glauben an das Potenzial der Entwicklung: Dort hat Sensorcron in kurzer Zeit über 170.000 US-Dollar für die Umsetzung der Idee gesammelt.

Hinter diesen Datenmengen verbergen sich kollektiv gesehen riesige Potenziale für all diejenigen, die in der Lage sind, sie auszulesen, zu strukturieren und zu visualisieren. Grundlage hierfür sind Smart Sensor Networks – Netze aus Sensoren überall dort, wo sich datenproduzierende Dinge befinden. Ein Pilotprojekt mit diesem Ziel ist »Copenhagen Wheel«: In der dänischen Hauptstadt werden Fahrräder mit Sensoren ausgestattet, die permanent die Luftqualität und den Straßenzustand messen und auf Grundlage des Bewegungsprofils Staus melden können. Mit jedem weiteren aufgerüsteten Fahrrad steigt die Qualität der Daten. Es entsteht ein immer engmaschigeres und damit aussagekräftigeres Datennetz, das vor allem für die lokalen Verkehrs- und Umweltbehörden wertvoll ist.

Auch ganze Geschäftsfelder werden durch Big Data verändert. In den vergangenen Jahren hat zum Beispiel der Journalismus gelernt, aus den riesigen Datenmengen Kapital zu schlagen. »Computer Assisted Reporting« ist zu einem Schlüsselbegriff der Branche geworden. Pulitzer-Preise, die begehrtesten Journalisten-Auszeichnungen, gehen seit Jahren regelmäßig an investigative Geschichten, die auf Big-Data-Analysen beruhen. Den Anfang machten 1992 zwei Reporter vom *Kansas City Star* mit einer Story über die Subventionsvergabe des US-amerikanischen Landwirtschaftsministeriums. Mit einer Datenauswertung – noch auf Basis von Lochkarten – belegten die Journalisten, dass nicht Farmer, sondern Konzerne, Banken und Casinos in Indianerreservaten die meisten Mittel erhielten. Heute, rund 20 Jahre später, beschäftigen internationale Größen wie die *New York Times* eigene Teams, die gemeinsam mit Reportern offen zugängliche Daten auslesen und so die Faktengrundlage für investigative Geschichten schaffen.

---

41 http://de.statista.com/themen/258/mobiles-internet/infografik/587/mobile-knackt-die-10-prozent-marke/

Die Einsatzmöglichkeiten von Big-Data-Verfahren sind beinahe grenzenlos: Überall dort, wo Daten produziert werden, können sie in intelligenten Verfahren ausgelesen und aufbereitet werden. Das kann unter anderem dazu führen, dass die Preisfindung für Produkte und Dienstleistungen auf Datengrundlage individualisiert wird. Das Start-up Motionloft aus San Francisco geht erste Schritte in diese Richtung. Es hat einen würfelförmigen Sensor entwickelt, der in Geschäften an einem Fenster mit Blick zur Straße befestigt wird und die Geschehnisse auf der Straße »trackt«. Dieser Sensor erfasst also den Fußgänger-, Fahrrad- und Autoverkehr vor dem Gebäude und verschafft Läden, Restaurants und Immobilienmaklern so über das Jahr hinweg einen Überblick über den Betrieb vor dem Gebäude. Das kann in die Kalkulation für Mieten ebenso eingehen wie in die Entwicklung spezieller Angebote für Uhrzeiten, in denen ein Geschäft kaum besucht wird.

Big Data ist also mitnichten ein reines IT-Thema. Richtig angewandt, bieten sich für viele Geschäftsmodelle neue Möglichkeiten. Man muss nur lernen, die von Kunden oder Mitarbeitern geschaffenen Daten zu verstehen und aus ihnen Lehren zu ziehen. Davon ist auch Peter Sondergaard, Senior Vice President von Gartner, überzeugt. Er nennt Daten »das Öl des 21. Jahrhunderts«. Nun steht für die Datenverarbeitung das Gleiche an wie für die Ölindustrie in ihren Anfängen: Es gilt, einen wertvollen Rohstoff veredeln zu lernen, um seine Potenziale voll nutzen zu können.

Marc Lüttgemann,
TrendONE GmbH

»Uns stehen radikale Veränderungen bevor« – wie die Technologie Menschen aus der Armut helfen wird

Gespräch mit René Schuster,
CEO, Telefónica Deutschland Holding AG

Mit welchen zentralen Herausforderungen wird Ihr Unternehmen in den kommenden Jahren konfrontiert sein?

Wir wissen, dass Daten unsere Zukunft sind. Die Herausforderung für die Telekommunikationsbranche liegt deshalb darin, einen Weg zu finden, wie wir in einem Markt, in dem aktuell 70 bis 80 Prozent aller Einnahmen aus Sprachanwendungen generiert werden, künftig mit Daten Geld verdienen können. Wie viele Branchen kennen Sie, in denen davon auszugehen ist, dass 70 bis 80 Prozent der Einnahmen in den kommenden zwei bis drei Jahren möglicherweise komplett wegfallen könnten? Wie passt man sein Geschäftsmodell an? Wie kann man das Verhalten der Kunden verändern? Wie überzeugt man Kunden in diesem sich wandelnden Markt davon, dass sie künftig zusätzlich einen angemessenen und fairen Preis für Daten bezahlen sollen, wenn ein Teil des Geschäfts aus dem Internet kommt, in dem doch ein ganz anderes Geschäftsmodell vorherrscht? Anbieter machen unsere Services kostenlos verfügbar und generieren ihre Einnahmen durch Werbung.

Wie sehen Sie die Zukunft der Telekommunikationsbranche?

Es gibt jede Menge Dinge, die aus meiner Sicht für Telekommunikationsanbieter keinerlei Sinn machen. Dagegen ist das Auftreten als »Smart Agitator« aus meiner Sicht die natürliche Option für unsere Branche: Wir müssen unseren Kunden das Leben erleichtern und ihnen neue Wahlmöglichkeiten eröffnen. Und ich denke, dass Anbieter Partnerschaften eingehen und zusammenarbeiten werden – auch mit neu entstehenden Unternehmen. Außerdem gehe ich davon aus, dass angesichts der Kostenstrukturen und des Preisdrucks Netze zunehmend gemeinsam genutzt werden dürften. Die Telekommunikationsbranche wird sich insgesamt beschleunigen, Anbieter werden Wettbewerber mit anderen Augen sehen und könnten zu Freunden werden. Ich denke, die Telekommunikationsbranche ist einer der letzten Sektoren, in denen jetzt eine echte Konsolidierung stattfindet. In dieser Situation können wir uns vieles von Branchen wie der Automobilindustrie oder dem Baugewerbe abschauen, die erheblich fortgeschrittener und reifer sind. Sie sind über 100 Jahre alt und haben schon verschiedene Wirtschaftszyklen durchlebt. Ich denke, so ein Reifungsprozess steht auch dem Telekommunikationssektor bevor.

Das Kundenverhalten ändert sich – wie wirkt sich das auf Ihr Geschäft aus?

Ich denke, in den kommenden 20 Jahren, eigentlich in den nächsten 10 – vielleicht wage ich sogar von den nächsten 5 Jahren zu sprechen –, stehen uns radikale Veränderungen bevor. In Zukunft werden uns unsere Kunden sagen, wo sie unsere Produkte und Services nutzen möchten und welchen Preis sie dafür zu zahlen bereit sind. Können Sie sich vorstellen, was für eine Welt das sein wird, in der die Kunden über die Gewinnmargen entscheiden? Noch vor 5 Jahren wäre dieser Gedanke absolut undenkbar gewesen, in 20 Jahren könnte er durchaus Realität sein. Ist Ihr Unternehmen bereit, so zu arbeiten, ist die Geschäftsleitung bereit, in diese Richtung zu führen, und sind Sie bereit, den Mut aufzubringen, schon früh auf diesen Zug aufzuspringen und sich mit dem Gedanken anzufreunden?

Welche Trends erwarten Sie für Privat- und Geschäftskunden?

90 Prozent aller heute existierenden Daten gab es vor 2 Jahren noch nicht. 90 Prozent aller Daten, von denen wir wissen, in allen Branchen – vom Bankensektor über die Telekommunikationsbranche bis hin zu Software- und IT-Unternehmen –, ganz egal. 90 Prozent all dieser Daten sind in den vergangenen 2 Jahren entstanden. Übertragen Sie diese Entwicklung jetzt auf die kommenden 20 Jahre. Was wird wohl geschehen? Und welche Chancen werden sich uns bieten? Es wird faszinierend!

Die Machine-to-Machine-Kommunikation wird exponentiell zunehmen, und ich denke, dass alles über das Internet miteinander verbunden sein wird. Ich denke nicht, dass die Menschen dafür bezahlen werden, die Erwartungshaltung wird sein, dass es einfach so kommt, und ich denke, dann müssen neue kommerzielle Modelle entwickelt werden, damit die sich bietenden Chancen und geeignete Situationen gefunden und genutzt werden können.

Welchen Stellenwert wird die Sicherheit einnehmen?

Ich denke, die wichtigste Ressource eines Unternehmens in der digitalen Welt der Zukunft wird Vertrauen sein. Einmal verlorenes Vertrauen wiederzugewinnen ist sehr, sehr schwer, wenn nicht sogar unmöglich. Wie lässt sich Vertrauen gewinnen? Wie kann man es schützen und bewahren? Sie müssen Ihren Kunden alle nur erdenklichen Sicherheitsvorkehrungen und Gründe dafür bieten, sich für Sie zu entscheiden – weil Sie für die Sicherheit ihrer persönlichen Daten sorgen werden, weil Sie die Integrität der Daten schützen, mit denen Sie arbeiten. Sie müssen mehr bieten als das Versprechen, dass es bei Unzufriedenheit das Geld zurückgibt. Das bietet vielen Unternehmen die Chance, sich weiterzuentwickeln und auf diesem Markt zu positionieren.

Schlagwort Cloud – was halten Sie davon?

Die Cloud ist ohne jeden Zweifel eine der wichtigsten Entwicklungen unserer Zeit und bietet Verbrauchern und Unternehmen echten Mehrwert. Ist die Cloud real? Ja, ich denke, die Cloud ist real. Wieso? Wieso hat sie so viel Potenzial? Die Cloud ist für die Anbieter von Cloud-Services wirtschaftlich interessant – und für diejenigen, die sie nutzen und dafür zahlen. Damit sie langfristig zum Erfolg wird, sind aus meiner Sicht laufende Investitionen in neue Technologien und Infrastrukturen sowie immer neue, innovative Nutzenversprechen für Produkte und Services erforderlich, die den Kunden das bieten, was sie sich wünschen.

Und was gibt es zu Trends im Regulierungswesen und zur Internationalisierung Ihres Geschäfts zu sagen?

Telekommunikation ist in erster Linie eine lokale Erfahrung, deshalb muss die lokale Note erhalten bleiben. Außerdem ist die Telekommunikationsbranche heute reguliert – und zwar auf nationaler Ebene. Ich denke, diese Regulierung wird eine schnelle Entwicklung behindern. Ich denke sogar, dass sich den Entwicklungsländern die Möglichkeit bietet, die westliche entwickelte Welt zu überholen. Wir haben nicht genug Zeit, um zu ignorieren, dass uns die unterirdische Verlegung von Kabeln vor erhebliche wirtschaftliche Herausforderungen stellt. Heute dreht sich alles um Mobilität und neue drahtlose Technologien, und für viele Gemeinden in Asien oder Afrika macht der Rückschritt zur alten Technologie einfach keinen Sinn. Sie werden sich gleich den neuesten Technologien zuwenden. Ich denke, auf lange Sicht wird die Technologie für viele Menschen der Weg aus der Armut sein.

Big Data: Fördertechnologien für das Erdöl der Zukunft

Bereits seit Mitte des vergangenen Jahrhunderts gehört »Wissensgesellschaft« zu den zentralen Termini in den Wirtschafts- und Sozialwissenschaften. Daniel Bells berühmte Studie *The Coming of Post-Industrial Society*, 1973 erschienen, postulierte eine Welt, in der Wissen zum wichtigsten Treiber der Wertschöpfung und des Wachstums werden sollte.[42] Und spätestens mit der technologischen Reife des World Wide Web und der fortschreitenden Digitalisierung scheint diese Vision wahr geworden zu sein.

Aber sind Daten wirklich das neue Öl, wie es seit etwa fünf Jahren immer wieder behauptet wird?[43] Die Antwort auf diese Frage steht noch aus. Denn das weltweite Datenvolumen verdoppelt sich zwar alle zwei Jahre. Die weltweite Datenmenge wird inzwischen nach Terabytes, Petabytes, Exabytes und sogar Zettabytes gezählt, einer Zahl mit 21 Nullen. Doch Big Data, dieses unglaubliche Konglomerat digital vorhandener Informationen, ist – um im Bild zu bleiben – ein bestenfalls bekanntes, aber keineswegs erschlossenes Feld. Bislang bereiten die Erfassung, Speicherung, Suche, Verteilung, Analyse und Visualisierung großer Datenmengen enorme Probleme, die selbst mit dem Einsatz von Standard-Datenbanken und Daten-Management-Tools modernster Business-Intelligence-Systeme kaum beherrscht werden können.[44] Gerade die potenziell besonders wertvollen, aber unstrukturierten Daten aus dem Social Networking, Protokollen zu Telekommunikationsverbindungen, Weblogs, RFID oder aus Forschung und Entwicklung (insbesondere in den Naturwissenschaften) bereiten Probleme. Hinzu kommen Transaktions- und Börsendaten aus der Finanzindustrie oder die Verbrauchsdaten aus dem Energiesektor.

---

42 Bell, D.: *The Coming of Post-Industrial Society*, New York, 1976
43 http://www.forbes.com/sites/perryrotella/2012/04/02/is-data-the-new-oil/;
    http://www.zdnet.com/blog/virtualization/what-is-big-data/1708
44 https://www.bbvaopenmind.com/en/big-data-challenges-opportunities-and-exploitation/;
    http://www.gartner.com/technology/topics/big-data.jsp

In besonderem Maße ist das globale Supply-Chain-Management mit der Flut komplexer, nicht standardisierter Daten konfrontiert, die in einer Vielzahl von Systemen unterschiedlicher Unternehmen erzeugt werden – und zwar in allen Sprachen und Formaten: Informationen aus Produktions- und F&E-Systemen, Tracking-Daten aus der Logistik, Compliance- und Auditing-Daten, Informationen aus Risk-Management-Systemen oder externen Datenbanken.

Eine strategisch ausgerichtete und effiziente Steuerung komplexer, häufig globaler und systemübergreifender Prozesse ist perspektivisch deshalb nur möglich, wenn es gelingt, Lösungskonzepte für den Umgang mit Big Data zu gewinnen. Die eher physische Frage der Datenspeicherung ist dabei das kleinere Problem, auch wenn heute ganze Rechenzentren mit der Archivierung beschäftigt sind und mit hohen Kosten für Unternehmen und öffentliche Organisationen verbunden sind. Die Kernfrage lautet: Wie sollen die Datenmengen analysiert und visualisiert, also (be)nutzbar werden? Bekannte Database-Management-Konzepte stoßen bereits heute an ihre Leistungsgrenzen: softwareseitig fehlt die Flexibilität, gerade im Umgang mit unstrukturierten und Echtzeitdaten, hardwareseitig fehlt meist die Kapazität.

Obwohl die Entwicklung von Softwarekonzepten im Bereich Big Data sich noch in einer frühen Phase befindet, haben sich drei vielversprechende Ansätze herauskristallisiert. Ein bereits in Teilen realisierter Ansatz ist die Verwendung von High-Performance-Computing-Systemen (HPC). Diese bestehen aus Tausenden von Prozessoren, die, aufgeteilt in verschiedene Cluster, eine Analyse der Datenmenge parallel und verteilt auf verschiedene Rechnerknoten durchführen sollen. Ein wesentliches Problem ergibt sich dabei jedoch bei der Analyse zusammenhängender Daten: Eine parallele Analyse kann die Ergebnisse verfälschen.

Eine komplementäre Methode bietet der Mapreducing-Ansatz, der sich semantisch an den HPC-Ansatz anschließt und teilweise in diesem Kontext auch eingesetzt wird. Dabei werden Daten in Form von Zwischenergebnissen sukzessive analysiert und wieder zusammengeführt. Der Vorteil dieser Variante liegt in der besonders schnellen Generierung von Zwischenergebnissen, was gerade im Hinblick auf die operativen Managementanforderungen enorme Vorteile bietet. Die Schwachstelle des Ansatzes ist die extreme Komplexität bei der technischen Umsetzung: Gerade die Einbindung bestehender relationaler Datenbanken, die in den meisten Unternehmen existieren, erweist sich heute als technisch kaum machbar.

Eine andere Methode bieten die sogenannten NoSQL-Datenbanken (Not only SQL). Dieser Ansatz erlaubt eine neue Perspektive auf die Datenbestände. Die heute eingesetzten Datenbanken sind so strukturiert, dass Daten schnell aufgefunden werden können. Allerdings führt die Strukturierung der Datenbanken dazu, dass durch Indizierung der Datenmengen und Verknüpfung der einzelnen

Tabellen große Indexmengen entstehen, die sich bei extremen Datenmengen nicht mehr effizient behandeln lassen. NoSQL erlaubt eine in Teilen unstrukturierte Haltung von Daten, die in ihrer Ursprungsform abgelegt und mittels passender Abfragen und Softwaretools analysiert werden können. Die Vorteile der Lösung liegen insbesondere in der Schnelligkeit der Analyse und einem deutlich geringeren Bedarf an Rechenleistung.

Welche dieser Methoden sich in den kommenden Jahren für das Management von Big Data als am besten geeignet erweisen wird, lässt sich nur schwer abschätzen – zumal als sicher angenommen werden kann, dass nicht nur das Volumen, sondern auch die Heterogenität, Komplexität und Vernetzungsintensität der Daten weiter zunehmen werden. Mehrere Technologien zu kombinieren und die Entwicklungspfade offen zu halten ist deshalb eine Strategie, die aus heutiger Perspektive zwingend geboten ist. Dieses Vorgehen erlaubt darüber hinaus semantisch einen tieferen und differenzierteren Einblick in die Datenstrukturen als der Einsatz einer singulären Lösung und erhöht die Wahrscheinlichkeit, dass mittelfristig besser ausgereifte Konzepte entwickelt werden können.

Die meisten Unternehmen können noch nicht beurteilen, welche Rolle Big Data in den nächsten Jahren konkret spielen und inwiefern dieses neue Paradigma ihre etablierten Prozesse, Geschäftsmodelle und Supply-Chains verändern wird. Darüber hinaus sind zentrale Fragen – etwa im Hinblick auf Datenschutz, Security oder Cyberterrorismus – nach wie vor ungelöst.[45] Hier fehlen sowohl rechtliche als auch technologische Voraussetzungen, die im Zusammenspiel aller beteiligten Akteure entwickelt werden müssen – von nationalen und internationalen Behörden, der IT-Industrie und den Unternehmen selbst. Doch auch angesichts der Tatsache, dass Big Data heute mehr Fragen als Antworten bereithält, wäre Nichtstun mit Sicherheit die falsche Strategie. Wer heute nicht die Grundlagen für die künftige Entwicklung schafft, wird bereits mittelfristig mit Wettbewerbsnachteilen und enormen Kosten, etwa durch die Integration alter relationaler Datenbanken in neue Big-Data-Konzepte, rechnen müssen. Ob Daten wirklich das neue Öl sind, wird sich erst in den kommenden Jahren herausstellen. Sich diese Frage aber nicht bereits heute zu stellen wäre zumindest fahrlässig.

Bernd Trautwein,
Partner Consulting, KPMG
und
Michael Münnich,
Senior Manager Consulting, KPMG

---

45 http://www.datenschutzkongress.de/big-data-und-datenschutz-%E2%80%94-geht-das/

7. Riskante Welt

Trend Insight

Als im April 2010 auf Island der Vulkan Eyjafjallajökull ausbrach, war der direkte Schaden vergleichsweise gering. Dennoch hielt in den Tagen nach der Eruption ganz Europa den Atem und große Teile des Flugverkehrs an. Weil niemand sagen konnte, ob die Asche, die der Vulkan ausgestoßen hatte, die Flugsicherheit gefährden könnte, wurden mehr als 100.000 Flüge annulliert und rund 7 Millionen Passagiere saßen fest. Betroffen waren auch viele Unternehmen, die bei Versorgung und Absatz von der Luftfracht abhängig sind. Deutschen Autobauern wie BMW fehlten zeitweise Kleinteile, kenianische Bauern konnten Blumen nicht nach Europa liefern, und tropische Früchte wurden in den Supermärkten schnell Mangelware. Eine von Airbus in Auftrag gegebene Studie beziffert den wirtschaftlichen Gesamtschaden des Ereignisses auf 5 Milliarden Dollar (rund 4 Milliarden Euro).[46]

Der Fall Eyjafjallajökull zeigt exemplarisch zwei Dinge: erstens, dass wir niemals auf alle möglichen Ereignisse vorbereitet sein können,[47] und zweitens, dass auch ein Ereignis von begrenzter räumlicher Ausdehnung gravierende globale Folgen nach sich ziehen kann. Zu integriert sind heute die globalen Wertschöpfungsketten und zu gering in der Regel die Fertigungstiefe je Standort, um derartige Risiken noch als lokal oder regional zu begreifen. Das Funktionieren der Weltwirtschaft hängt in weiten Teilen vom Funktionieren der globalen Infrastruktur ab. Diese Abhängigkeit ist in den letzten Dekaden stark gewachsen – ebenso wie die Anzahl der Naturkatastrophen,

---

46 Oxford Economics: The Economic Impacts of Air Travel Restrictions Due to Volcanic Ash. (Studie im Auftrag von Airbus), 2010

47 Während dieser Text entsteht, herrscht in mehreren mitteleuropäischen Ländern Katastrophenalarm aufgrund von Hochwasser. Trotz der Erfahrung aus mehreren vorangegangenen »Jahrhundertfluten« in den letzten 20 Jahren werden die Schäden auch diesmal wieder in die Milliarden gehen.

die sich seit den 80er Jahren im Trend etwa verdoppelt hat. 2012 war mit 905 erfassten Ereignissen und einem Gesamtschaden von 170 Milliarden Dollar laut der Münchener Rückversicherung ein »gemäßigtes« Jahr.[48] In Summe ist das Risikopotenzial also nicht nur angewachsen, es hat sich faktisch sogar potenziert.

Eine weitere Risikoquelle ist der globale Terrorismus, der in den letzten 15 Jahren eine neue Dimension erreicht hat. Ziele dieser häufig aus den sogenannten Failed States heraus gesteuerten asymmetrischen Kriegsführung[49] sind zunehmend nicht mehr einzelne Personen, wie Politiker, Firmenchefs oder Militärs, sondern wichtige Infrastrukturen (World Trade Center, Londoner U-Bahn, Nahverkehrszüge in Mumbai) und/oder große Menschenansammlungen (Boston Marathon, Bali 2002 und 2005). Diese Angriffe zielen nicht mehr primär auf konkrete Zerstörung und Tötung, sondern vor allem auf maximale Außenwirkung, Betroffenheit und Verunsicherung in den betroffenen Ländern und Regionen.

Sowohl der Vulkanausbruch auf Island als auch die terroristischen Angriffe des letzten Jahrzehnts zeigen jedoch auch ein weiteres, tiefer liegendes Dilemma auf. Sowohl die ökonomische als auch die gesellschaftliche und freiheitliche Ordnung nehmen massiven Schaden weniger durch die Auswirkungen der Events selbst: Vielmehr sind es deren medial vermittelte und verstärkte Wirkung sowie die Kaskaden von nachfolgenden Präventionsmaßnahmen, Gesetzesänderungen, Sicherheitsstrategien und Einschränkungen, die temporäre Events »auf Dauer stellen« und so erst den Großteil der sozialen und finanziellen Kosten des tatsächlichen Vorfalls generieren.[50] Sich aus diesem Dilemma zu befreien wird angesichts fortschreitender internationaler Verflechtung, ökologischer Veränderungen und der Vielzahl lokaler und internationaler Konflikte in den kommenden Jahrzehnten politischen und unternehmerischen Mut erfordern.

Im Gegensatz zur »physischen« asymmetrischen Kriegsführung erfolgen cyberterroristische Angriffe auf kritische Infrastrukturen bislang – soweit nachweisbar – fast ausschließlich von anderen Regierungen ausgehend. So wie der Angriff auf estnische Regierungsrechner, der 2007 die dortigen Regierungsnetze für zwei Wochen praktisch lahmlegte. Der Verdacht der Esten fiel auf die russische Regierung als möglichen Urheber – ohne allerdings Beweise vorlegen zu können. Es dürfte jedoch nach Ansicht von Experten wie Eugene Kaspersky, russischer Spezialist für Computersicherheit, und Andy Müller-Maguhn, Icann-Direktoriumsmitglied und CCC-Sprecher, nur eine Frage der Zeit sein, bis sich auch Terroristen der neuen Technologien bedie-

---

48 Munich RE, Topics Geo. Naturkatastrophen 2012: Analysen, Bewertungen, Positionen, Ausgabe 2013
49 Münkler, H.: *Die neuen Kriege.* Rowohlt; Hamburg, 2002
50 Watzlawick, P.: Selbsterfüllende Prophezeiungen, in: *Die erfundene Wirklichkeit*; München, 1985

nen. Der Grund liegt nach Ansicht von Kaspersky auf der Hand: Schadsoftware sei deutlich leichter zu bekommen und einzusetzen als konventionelle Waffen. Als Ziele kämen insbesondere Industrieanlagen wie Kraftwerke, das Stromnetz, Telekommunikation, Transport und der Gesundheitssektor infrage. Aber auch kritische Systeme in Großunternehmen seien lohnende Terrorziele.[51] Durch die Kopplung unterschiedlicher IT-Systeme der Geschäftspartner innerhalb der Supply-Chain und die zunehmende Digitalisierung der Geschäftsprozesse entsteht eine breite Angriffsfläche mit hohem Schadenspotenzial. Müller-Maguhn weist in diesem Zusammenhang insbesondere auf die Bedrohung durch Innentäter hin, die perimeterbezogene Sicherheitssysteme wie Firewalls einfach aushebeln könnten.[52]

Und schließlich birgt die rapide ansteigende rechtliche Komplexität transnationaler Geschäftsprozesse eine neue Risikodimension: Nicht nur im Hinblick auf die Wirtschaftskriminalität, sondern auch bei Themen wie Produkthaftung, Datenschutz oder Umwelt- und Arbeitsschutz müssen Unternehmen immer anspruchsvolleren Vorgaben genügen – und zwar nicht nur in der eigenen Organisation, sondern zunehmend in der gesamten Supply-Chain. Insbesondere Konzerne, die mit rechtlich selbstständigen Gesellschaften und umfassend integrierten Wertschöpfungspartnern in unterschiedlichen Märkten operieren, sehen sich mit stark voneinander abweichenden Compliance- und Governance-Systemen sowie einer zunehmenden Verschärfung der gesetzlich verankerten Strafmaße konfrontiert: Die Umsetzung und das Monitoring externer Regelwerke wie Sarbanes-Oxley Act, IFRS, Basel III oder Solvency II, aber auch interner Compliance-Richtlinien stellt Unternehmen vor eine neue Qualität an Herausforderungen.

Aus dieser Perspektive gewinnt auch das Problem der »Conflict Minerals«[53] eine hohe Relevanz und birgt signifikante zivil- und strafrechtliche Risiken: Mit der Verabschiedung des Dodd-Frank Acts im Jahr 2010 hat der US-Kongress Unternehmen verpflichtet, die Herkunft von Zinn, Wolfram, Tantal und Gold in ihren Produkten nachzuweisen, um zu verhindern, dass Rohstoffe aus Minen in Konfliktgebieten in die Produktion gelangen. Damit entstehen enorm anspruchsvolle Anforderungen für Unternehmen, ihre gesamte Supply-Chain genauestens zu überwachen.

Angesichts dieser Entwicklungen wird sich in den kommenden Jahrzehnten das grundsätzliche Verständnis des Risikomanagements verändern. Ein Hinweis dafür ist die zunehmende Anwendung des aus der Verhaltensanalyse stammenden Ansatzes des Contingency-Managements auf Risikoprozesse.

---

51 http://www.gulli.com/news/21385-eugene-kaspersky-warnt-vor-cyber-terrorismus-2013-04-27
52 http://www.spiegel.de/netzwelt/web/cyber-terrorismus-die-bedrohung-entsteht-durch-ungeeignete-systeme-a-163003.html
53 Dodd-Frank Wall Street Reform and Consumer Protection Act, PUBLIC LAW 111–203—JULY 21, 2010

Die hohe Umweltdynamik und Komplexität erfordern kontinuierlich lernende, lebendige Risikomanagementsysteme, die zentral gesteuert und geführt werden und schnellere, effektivere Reaktionsmuster ermöglichen. Dies setzt nicht nur veränderte strategische Weichenstellungen, sondern auch eine neue Art des Denkens voraus, das die Unsicherheit und prinzipielle Angreifbarkeit als Normalität akzeptiert. Risikomanagement bedeutet nicht Risikoausschluss: Die Abwägung zwischen den vielfältigen Gefahren, denen die globalen Wirtschaftssysteme ausgesetzt sind, und den sozialen, gesellschaftlichen und finanziellen Kosten für maximale Sicherheit wird in den kommenden Jahren zu den wichtigsten Herausforderungen sowohl für Unternehmen als auch für politischen Entscheider gehören.

Dr. Lars Immerthal,
Director Consulting, KPMG

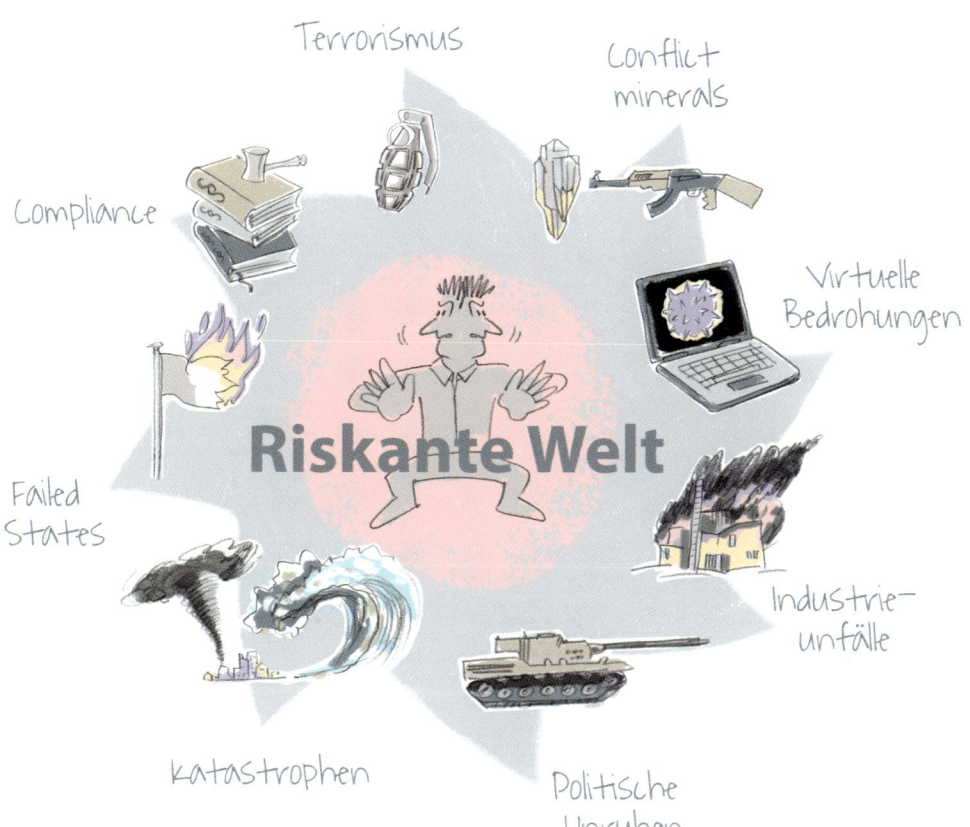

Terrorismus

Conflict minerals

Compliance

Virtuelle Bedrohungen

Riskante Welt

Failed States

Industrie-unfälle

katastrophen

Politische Unruhen

»Terrorismus ist Low Cost Business« – Lieferketten im Fokus asymmetrischer Kriegsführung

Gespräch mit Rolf Tophoven,
Direktor des Instituts für Krisenprävention (IFTUS)

Welche Risiken bedrohen globale Wertschöpfungsketten heute und in Zukunft?

Wir gehen heute nicht mehr von einem zentral gesteuerten Terrorismus, einem zentral gesteuerten Gefährdungssegment oder einer Gefährdungsanalyse aus – es ist jeweils lokal und regional. Wenn wir die Entwicklung in jüngster Zeit, beispielsweise in Nordafrika oder auf der arabischen Halbinsel sehen, oder den sogenannten arabischen Frühling betrachten, dann muss man davon ausgehen, dass nicht nur die personelle Gefährdung von Managern oder Firmenniederlassungen ins Blickfeld genommen werden könnte. Sondern dass sich diese Gefährdung auch global auf Firmen, die jetzt Zuliefererfunktionen für die nationale und internationale Wirtschaft, also für die Weltwirtschaft haben, ausweitet. Je mehr sich die Wirtschaftsfaktoren dislozieren, umso größer ist die Angriffsfläche für Einzelne, also für Individualtäter. Wir haben heute im global aufgestellten, internationalen Terrorismus ja mehr und mehr Einzeltäter, einzelne und regionale Gruppierungen. Wenn diese Gruppierungen oder Einzeltäter jetzt plötzlich eine Schwachstelle entdecken, also wie der Staat oder die Herrschaft zu schwächen sind, kann es sein, dass sie da zuschlagen.

Das klassische Beispiel, das ich im Kontext des Terrorismus der vergangenen Jahre sehe: die massiven Anschläge auf die ägyptische Tourismusbranche. Diese war ja noch zu Mubaraks Zeiten *das* Einkommensfeld, sie war die größte Einkommensbranche der ägyptischen Ökonomie. Wenn man sie angriff, dann ging es dabei nicht um irgendein von Westeuropäern besuchtes Touristenhotel, sondern man schlug durch den Angriff auf dieses Hotel die Regierung Mubarak. In Wirklichkeit wollte man die Regierung, die Einkommensressourcen schwächen. Das ist sicherlich eine Art Blaupause, eine Art Modell, was Gewalttäter,

Terroristen – gerade in sogenannten gescheiterten Staaten, in Failed States – in Zukunft praktizieren könnten.

Wenn man daran denkt, dass Schäden in Höhe von 135 Milliarden Dollar durch die Anschläge am 11. September 2001 verursacht wurden und das Ganze 1 Million Dollar in der Vorbereitung gekostet hat, dann sehen wir, dass es absolut richtig ist, vom Terrorismus heute und auch vom Terrorismus der Zukunft als einem Low Cost Business zu sprechen. Durch eine relativ geringe Investition kann ein relativ hoher Schaden, also eine hohe Effizienz erzielt werden.

Wird der Terrorismus gezielt die ökonomischen Strukturen des Westens angreifen?

Anschläge gegen einzelne Manager, Topfiguren der Industrie oder der Wirtschaft, wie wir es beispielsweise in Deutschland durch den Terrorismus der linksextremistischen RAF, der Baader-Meinhof-Bande, erleben mussten, halte ich heute für weitgehend rückläufig, oder sogar, in die Zukunft blickend, ausgeschlossen. Der Topmanager als Person ist für das Profil des heutigen Terroristen, die Masse des militant islamistischen Terrorismus in der Analyse mit einbezogen, nicht interessant. Die kennt zum Teil keiner. Der Terrorismus von heute – auch da war 9/11 schon eine Art Vorbild – zielt auf die Monopole der kapitalistischen Wirtschaft. Man will die kritischen Infrastrukturen dieser Wirtschaftsformation treffen. Das sind große Flughäfen, das sind Bahnhöfe, das sind Energieversorgungsstränge – also wirtschaftliche Linien, die für die Ökonomie eines Landes wichtig sind. Anti-Terror-Experten sprechen heute schon von der großen Angst vor Cyberattacken. Es ist nicht mehr ausgeschlossen, dass in Zukunft ein Terrorist in einem stillen Kämmerlein in einem Hotel durch einen Mausklick oder Tastendruck über seinen Laptop Millionenschäden verursachen kann. Er könnte einen größeren Schaden bewirken als heute eine Bombe in irgendeiner Straßenbahn oder in der Vorhalle eines Airports. Der Terrorismus nutzt die technologischen Ausprägungen des 20. und 21. Jahrhunderts perfekt.

Die Technologie nutzt auch der organisierten Kriminalität. Denn die organisierte Kriminalität, als da sind: Prostitution, Menschenhandel, Waffenhandel, Drogenschleusungen, ist ja eine Gewaltform, die nicht als Terrorismus deklariert wird. Dabei ist sie eine enorme Bedrohung, vielleicht sogar langfristig eine größere Bedrohung als der Terrorismus mit einer Bombe oder durch eine Bombe. Denn das ist ja sozusagen ein subkutanes Gewalt- und Kriminalitätsphänomen. Es ist eine virtuelle Bedrohung, die wir nicht sehen.

Wie können sich Unternehmen gegen Angriffe schützen?

Wenn wir die Gefahrenpotenziale, die wir heute haben oder auch in Zukunft haben werden, auflisten, dann ist heute eine strategische Unternehmensplanung nicht mehr nur auf Geschäftsmodelle, die ad hoc Erfolg bringen, ausgerichtet. Es geht nicht nur um schützenswerte Personen in einem Unternehmen, es geht auch nicht nur um schützenswerte Räume oder um Hightech. Jedes Unternehmen muss heute ein ganzes Paket an Sicherheitsmechanismen unterschiedlichster Art aufbauen und formieren, um gegen Einflüsse, die das Unternehmen von außen bedrohen, gewappnet zu sein. Wichtig ist also, dass man heute unter dem Aspekt der Unternehmenssicherung eine interne Security aufbaut, die über das rein Handwerkliche – Personenschutz, Sicherung der Firmenanlagen – hinausgeht. Man muss heutzutage eine virtuelle Abwehreinheit in jedem Unternehmen, besonders in großen Unternehmen aufbauen, um negative Infiltrationen, die aus dem Gewaltszenario kommen könnten, abzublocken.

Welche Weltregionen verwandeln sich in Failed States?

Die Situation um die sogenannten Failed States sehe ich vielleicht weniger in Europa als in Asien, aber besonders im Nahen und Mittleren Osten sowie vor allen Dingen in Afrika. Wir haben in Europa die EU, und wir sehen die massiven finanziellen Anstrengungen, die von der EU gemacht werden, um zum einen den Euro zu retten und zum anderen die schwachen Staaten, wie beispielsweise Griechenland, aufzufangen, um dieses Wirtschaftsgebilde EU im weitesten Sinne nicht abkippen zu lassen. Da sind also durchaus in Europa Rettungsanker eingebunden. Kritischer wird es natürlich im Nahen und Mittleren Osten, in Asien oder besonders auch in Afrika.

In Ägypten scheint der Bürgerkrieg zunächst einmal in situ zu Ende zu sein. Aber es ist noch nicht vorbei, die Machtstrukturen sind nach wie vor umkämpft. In Syrien haben wir einen jetzt zwei Jahre andauernden Bürgerkrieg und wissen nicht, wie das politische System dort irgendwann aussehen wird. Es kann also sein, dass diese Staaten nicht nur unsicher werden, sondern auch für Investoren aus der westlichen Welt plötzlich wegbrechen. Denn es sind ja beispielsweise auch seitens des Westens massive Geschäfte mit dem Terrorregime Muammar al-Gaddafis gemacht worden. Auch das ist jetzt weggebrochen. Endgültig wissen wir es noch nicht, wir sehen nur, dass sich die Failed States plötzlich als ganz massive Konfliktflecken auf der Weltkarte positionieren. Diese Failed States sind Ausbildungs-, Rekrutierungs- und Anziehungsplätze für gewaltbereite Elemente.

Sie sind aber auch in vielen Bereichen für die Wirtschaft verloren. Denn das Risiko für Investoren – nicht nur für den Finanzmarkt, sondern auch ganz persönlich für Leute, die in diesen Ländern Geschäfte machen wollen – ist sehr hoch. Es ist auch zu befürchten, dass die Ressourcen, die dort noch in der Erde liegen, plötzlich von regionalen Interessengruppen besetzt werden, sodass eine Förderung oder eine gewinnbringende Nutzung dieser Ressourcen wegfällt oder extrem erschwert wird.

Supply-Chain-Risk-Management – Königsdisziplin des nächsten Jahrzehnts

Supply-Chain-Risk-Management gehört heute zu den dringendsten und wichtigsten Aufgaben auf der Agenda der Unternehmen. Diese Entwicklung ist insbesondere vier Trends geschuldet. Erstens hat die Prognostizierbarkeit der ökonomischen Entwicklung in einem extremen Maß abgenommen. Gleichzeitig rechnen die Unternehmen sowohl mit größerer Häufigkeit exogener Schocks als auch mit einer deutlichen Zunahme der Auswirkungen solcher Extremereignisse. Zweitens führen der globale Aktionsradius der Unternehmen, die hohe Integration der Wertschöpfungsketten und die abnehmende Wertschöpfungstiefe zu einer sehr hohen Exponiertheit gegenüber verschiedenen Risikotypen und zu einer Verkettung einzelner Risikofaktoren. Drittens bergen die umfassenden und komplexen rechtlichen Anforderungen auf nationaler und internationaler Ebene neue Gefahren. Und schließlich sehen Unternehmen sich mit zunehmender Transparenz und öffentlichem Interesse gegenüber ihrer gesamten Wertschöpfungskette konfrontiert.

Risikomanagement jenseits der Wertschöpfungskette?

Das kontinuierliche Monitoring der Supply-Chain im Hinblick auf die strategischen Lieferanten gewinnt vor diesem Hintergrund an kritischer Bedeutung für die Überlebensfähigkeit von Unternehmen. Die Gesamtheit dieser Entwicklungen hat zwar zu einer Expansion der Risikomanagementsysteme in Unternehmen geführt. Dennoch blieb das Risikomanagement über viele Jahrzehnte eine »interne« Disziplin: mit Methoden, Instrumenten und einem rechtlichen und organisatorischen Rahmen, die mit Blick auf das einzelne Unternehmen ausgelegt und meist nur finanziell und strategisch fokussiert waren. Nicht nur die Operationalisierung, sondern auch die gesamte externe Wertschöpfungskette blieben dabei in einem hohen Maße ausgeklammert, eine Art Blackbox, die nicht als aktiv steuerbare Größe, sondern als Invarianz in den Rechnungen der Risikoexperten auftauchte. Es ist deshalb nicht überraschend, wenn Risiken, die mit der Versorgungssicherheit, vor allem aber mit der Stabilität der Zulieferer verbunden sind, für Unternehmen die höchste Priorität haben.[54]

---

54 Immerthal, L., Marlinghaus, S.: *Risk management reloaded – A procurement perspective*, Bonn, 2007

Allein in Deutschland gibt es jedes Jahr rund 30.000 Firmeninsolvenzen[55] – die Gefahr liegt jedoch insbesondere bei ausländischen Lieferanten, deren Kontrolle sich als eine deutlich schwierigere Aufgabe erweist und die einen immer höheren Anteil am Einkaufsvolumen der inländischen Unternehmen haben: Je nach Branche liegt dieser bei bis zu 80 Prozent des Gesamteinkaufsvolumens.

Gleichzeitig sind entsprechende Fachkenntnisse bis heute überwiegend in dedizierten Abteilungen und Stäben oder im Financial Department allokiert – nicht jedoch im Einkauf und Supply-Chain-Management, die auf dieses Wissen dringend angewiesen wären. In der Folge zeigen sich Einkauf und Supply-Chain-Management häufig nicht in ausreichendem Maße ausgerüstet, um volatilen Rohstoffpreisen, Währungsschwankungen, ökologischen und sozialen Problemen bei Zulieferern oder komplexen Compliance-Anforderungen effektiv zu begegnen. So belegte eine gemeinsame Untersuchung der European Business School und des Marktforschungsinstituts Lünendonk,[56] dass ein professionelles Management finanzieller Schlüsselindikatoren und Risiken mit Blick auf die Supply-Chain heute noch nicht State of the Art ist: Lediglich sieben von zehn Unternehmen verfügen über ein konsistentes Gesamtsystem für die kontinuierliche Steuerung und das Controlling von Cashflow, Bonität der Lieferanten oder Wechselkursen. Mit anderen Worten: Das Financial-Supply-Chain-Management ist in sehr vielen Unternehmen heute eine dringend entwicklungsbedürftige Disziplin.

Sourcing-Governance als zentrale Aufgabe

Der Aufbau einer organisationsweiten und die Wertschöpfungsketten des Unternehmens einbeziehenden Sourcing-Governance stellt deshalb eine essenzielle Führungsaufgabe dar. Ein dediziertes Risikomanagementsystem für Einkauf und Supply-Chain-Management spielt dabei eine zentrale Rolle. Von kritischer Bedeutung sind bei dessen Einführung die Gewährleistung der Transparenz über die Vielzahl der relevanten Prozesse, die Rechtmäßigkeit der Transaktionen sowie die zentralen Performance-Indikatoren und deren kontinuierliche Messung.

Einen zukunftsweisenden Ansatz stellt hier beispielsweise das Continuous-Monitoring-System (CM) dar, das auf den Performance- und Risikomanagementsystemen des Unternehmens aufsetzt. Aus technologischer Perspektive ist das CM ein hochautomatisiertes System für das Monitoring von Daten und Sys-

---

55 Statistisches Bundesamt der Bundesrepublik Deutschland, 2013
56 Von der Gracht, H.; Darkow, I. et al.: *Atmende Supply Chains – Wie gut ist Deutschlands gehobener Mittelstand auf volatile Märkte vorbereitet?*, Wiesbaden, 2010

temen. Mit seiner Einführung wird ein geschlossener Regelkreis implementiert, der jede Abweichung von einem vorab definierten Prozess identifiziert und nach einem festgelegten Prozedere behandelt.

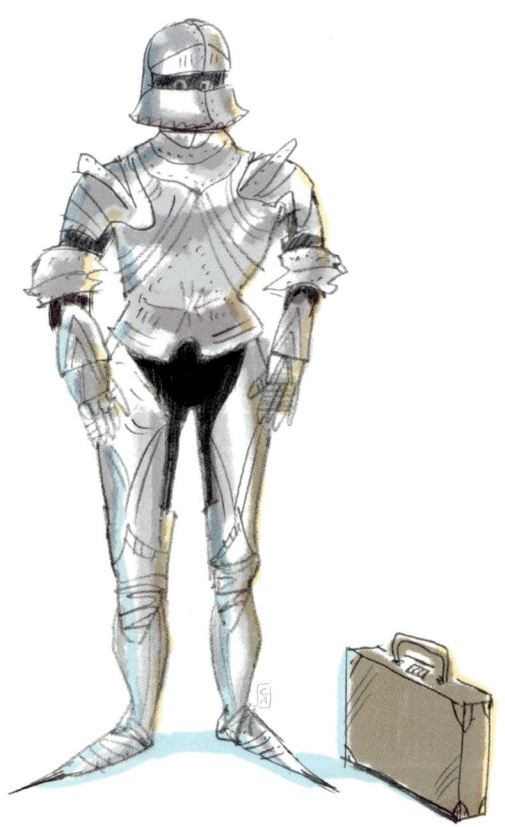

Folgerungen

Trotz seiner enormen Bedeutung weist das Supply-Chain-Risk-Management heute noch einen relativ geringen Reifegrad auf. Die Gründe dafür sind jedoch nicht nur auf prozessualer oder technologischer Ebene, sondern auch in den organisatorischen Strukturen zu suchen. Für eine substanzielle Weiterentwicklung ist eine enge Koordination zwischen der Finanz- und der Einkaufsabteilung unabdingbar, die gemeinsam einen geeigneten Aktionsrahmen aufspannen müssen. Das Fehlen organisatorischer und prozessualer Voraussetzungen ist heute eine der wichtigsten Hürden für die Umsetzung ganzheitlicher Ansätze für ein

Supply-Chain-Risk-Management. Die zweite Hürde ist die mangelnde Integration der Kompetenzen – des Wissens des Finanzdepartments über Risikomanagementinstrumente und -prozesse und der Kenntnis der Wertschöpfungsketten, über die Einkauf und SCM verfügen. Und schließlich gibt es in den Einkaufs- und SCM-Abteilungen der Unternehmen einen massiven Qualifizierungsstau im Hinblick auf Risiko-, Compliance- und Finanzthemen, der über strukturierte und systemische Weiterbildungsansätze aufgelöst werden muss.

Um diesen Herausforderungen zu begegnen, ist der Aufbau eines Risiko-Kompetenzzentrums, das über die notwendigen fachlichen, organisatorischen und prozessualen Ressourcen verfügt, unabdingbar. Gleichzeitig sind ein intensives Management der internen und externen Schnittstellen, insbesondere aus den Warengruppen heraus, sowie umfassender Systemsupport und effiziente Kontrollprozesse unabdingbar. Erst wenn diese Hürden überwunden sind, hat das Supply-Chain-Risk-Management die Chance, zu einer effektiven und effizienten Disziplin zu werden, die einen hohen Beitrag zur Stabilität und Wertsteigerung leistet – einen Beitrag, der in den kommenden Jahren über den Unternehmenserfolg entscheiden wird.

Jörg Asma
Partner Consulting, KPMG,
und
Dr. Lars Immerthal,
Director Consulting, KPMG

8. Future-Tech

Trend Insight

Technologische Innovationen zwingen uns regelmäßig dazu, unsere gedankliche Komfortzone zu verlassen und mögliche Auswirkungen auf die derzeitigen ökonomischen und sozialen Prozesse zu antizipieren. Einige Technologien mögen in ihrer Auswirkung noch relativ einfach abzuschätzen sein, andere hingegen sprengen unsere durch lineare Denkmuster begrenzte Vorstellungskraft.

Vor allem disruptive Technologien[57] wie zum Beispiel Digitalkamera, MP3 oder das World Wide Web haben das Potenzial, ganze Geschäftsbereiche zu revolutionieren und die bestehenden Rahmenbedingungen zu sprengen. Umso wichtiger ist es daher, seinen Blick regelmäßig auf die »Emerging Technologies« zu richten, die schon jetzt darauf warten, den nächsten Paradigmenwechsel einzuleiten. Dabei geht es nicht darum, die Zukunft der Technologien genau vorherzusagen, sondern darum, ihr Überraschungspotenzial zu minimieren.

Hoch dynamisch zeigen sich derzeit vor allem die Bereiche der Bio- und Nanotechnologien, der 3-D-Druck sowie die sogenannten Clean Technologies, die ökologisch sauberen Technologien. Ein wachsendes ökologisches Bewusstsein auf Kundenseite und der politische Wille zur Regulierung der CO_2-Emissionen sind die zentralen Triebkräfte, die aus dem Konsumententrend der Nachhaltigkeit eine eigenständige Ökonomie werden ließen. Allein im Jahr 2011 erreichten die Investitionen in saubere Technologien weltweit ein Volumen von 260 Milliarden Dollar und lagen damit fünfmal höher als noch im Jahr 2004. Lösungen zur Energieeinsparung, aber auch zur selbstständigen Energiegewinnung sind für Unternehmen nicht mehr nur »nice to have«, sondern aufgrund der steigenden Preise für fossile Energieträger in Zukunft ökonomisch unumgänglich.

---

57 Disruptive Technologien sind Innovationen, die eine bestehende Technologie, ein bestehendes Produkt oder eine bestehende Dienstleistung möglicherweise vollständig verdrängen.

Ein Blick nach Brasilien zeigt, wie das konkret aussehen kann. In der Zuckerfabrik Santa Inácio wird neben Zucker und Alkohol auch Strom produziert, indem die leeren Zuckerrohrhülsen kontrolliert verbrannt werden. Ein lukratives Geschäft in einer von Blackouts gebeutelten Region, denn jede verkaufte Megawattstunde bringt dem Werk 80 Euro – genug, um die Investitionen innerhalb von zwei Jahren zu amortisieren. Auch BMW weiß die »Low Carbon Economy« für sich zu nutzen. Mit der BMWi-Serie ist der bayerische Autobauer nicht nur einer der Ersten seiner Zunft, der ernsthaft plant, eine ganze Modellreihe von Elektrofahrzeugen für den Massenmarkt zu produzieren. Der Produktionsstandort in Leipzig soll zudem ausschließlich durch vier eigene Windkrafträder betrieben werden. Auch durch die Leichtbauweise unter Verwendung von Carbonfasern sollen bei den BMWi-Modellen neue Wege beschritten werden.

Die Zukunft der Werkstoffe heißt aber »Graphen«. Es gilt als der neue Superstar unter den Nanomaterialien: flexibel, ultraleicht, zu 98 Prozent lichtdurchlässig, elektrisch leitfähig und 300-mal stabiler als Stahl. Wenn Graphen in den nächsten Jahren tatsächlich den recht wahrscheinlichen Kommerzialisierungssprung schafft, erwarten uns zum Beispiel Graphenmikrochips mit Taktraten von bis zu 1000 Gigahertz,[58] Superkondensatoren, die Akkus ablösen können, neue Beschichtungen für hocheffiziente Solarzellen oder ultradünne, flexible Touchscreens, wie sie etwa in Nokias Morph-Konzept[59] zu sehen sind. Zudem können Graphenfolien selbst Helium – das kleinste aller Gasteilchen – zurückhalten. Denkbar wären zudem hyperempfindliche chemische Sensoren, die explosive oder giftige Gase aufspüren können, sowie Graphenmembrane zur Umwandlung von Salz- in Trinkwasser.

Je umfangreicher das Anwendungsspektrum einer neuen Technologie ist, desto höher steigen die Erwartungen. Das gilt nicht nur für das Graphen im Speziellen, sondern auch für die Nanotechnologie im Allgemeinen. Die Idee von unvorstellbar kleinen Nanopartikeln,[60] die sich – für das menschliche Auge unsichtbar – in Materialien und Produkte integrieren, lässt eine Vielzahl von Szenarien entstehen. Von Zahnpflegerobotern in der Zahnpasta bis hin zu »Nanobots« im Blut, die als Wirkstoffträger autonom navigieren können.

Vieles ist denkbar, aber nicht alles ist erwünscht. Denn wie so häufig bei neuen Technologien können die Risiken für Mensch und Umwelt – wenn Nanopartikel zum Beispiel über die Atemluft in einen Organismus gelangen – derzeit noch nicht abgeschätzt werden. Aus diesem Grund werden Nanokomponenten wohl bis auf Weiteres als Katalysatoren für die Beschleunigung chemischer Prozesse eingesetzt und in Werkstoffe und Oberflächen integriert. In Zukunft sind noch weit aufregendere Anwendungen zu erwarten. Dann werden Nanoparti-

---

58 Das entspricht einem Terahertz. Mit siliziumbasierten Chips sind Taktraten von 5 Gigahertz kaum zu überschreiten.
59 Siehe zum Beispiel http://research.nokia.com/morph
60 Ein Nanometer entspricht 0,000000001 Meter.

kel nicht mehr nur schmutzabweisend und antibakteriell sein, sondern sich zum Beispiel auch selbstständig reparieren können.

Diese Fähigkeit würde das Industriedesign sowie den Bereich der Maintenance-Services mindestens ebenso stark revolutionieren wie die sich ankündigende Ära der häuslichen 3-D-Drucker, die in der Lage sind, dreidimensionale Objekte aus Kunststoffen[61] herzustellen. Der 3-D-Druck hat zwar als »Additive Manufacturing« bereits vor gut 30 Jahren Einzug in die industrielle Fertigung gehalten, doch die Revolution lauert vielmehr in den vier Wänden der Konsumenten. Wenn Kunden nämlich elektronische Leiterbahnen, Ersatzteile, Schmuck, Möbel, Medikamente oder Zahnimplantate dezentral, materialeffizient[62] und in Losgröße 1 selbstständig produzieren können, werden sowohl Fabriken als auch Transportnetzwerke für diese Güter hinfällig. Die strategischen Herausforderungen der Musik- und Filmindustrie[63] der letzten Jahre würden sich auf die Welt der Konsumgüterhersteller übertragen. Feste Materie unterliegt dann ähnlichen Gesetzen wie digitale Daten – sie kann kopiert, verändert und beliebig reproduziert werden. Der Kunde wird zum Produzenten, die heutigen Produzenten vielmehr zu Ideengebern und Verkäufern digitaler Blaupausen.

Je nach Blickwinkel kann Technologie beides sein – Fluch und Segen. Sie kann aber vor allem eins: uns dabei helfen, die ökologischen, ökonomischen und sozialen Herausforderungen der nächsten Jahrzehnte erfolgreich zu meistern. Der größte Gegner dabei sind unsere gedanklichen Komfortzonen.

Torsten Rehder,
TrendONE GmbH

---

61 Wie zum Beispiel Gips, Metall- oder Glaspulver, Wachs oder Flüssigplastik
62 Durch das additive Produktionsverfahren wird jeweils nur so viel Material eingesetzt, wie tatsächlich für das Endprodukt benötigt wird.
63 Zum Beispiel der Schutz von geistigem Eigentum und die Urheberrechtsverletzungen durch illegale Raubkopien oder die Substitution von analogen durch digitale Vertriebskanäle

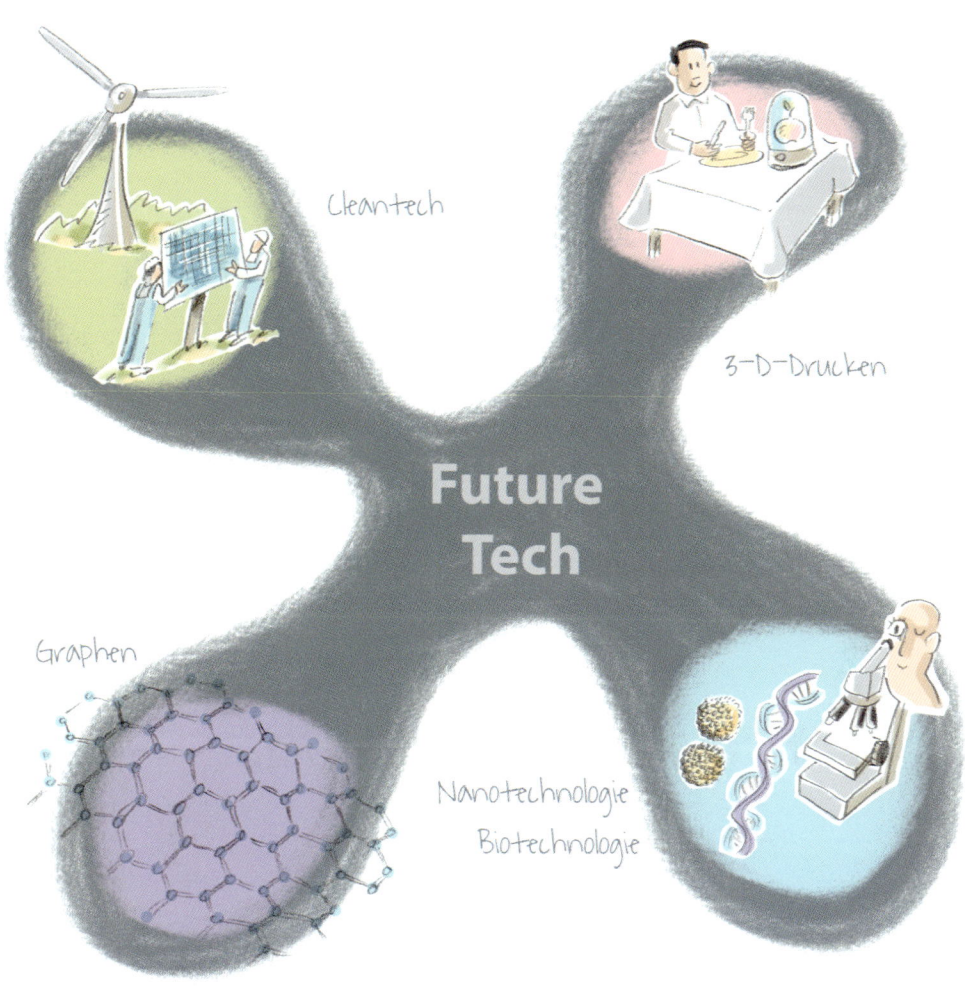

Cleantech

3-D-Drucken

Future
Tech

Graphen

Nanotechnologie
Biotechnologie

»Paradigmenwechsel in der Fertigung« – neue Produktionsverfahren und ihre Antwort auf die Herausforderungen der Zukunft

Gespräch mit Dr. Adrian Keppler,
Geschäftsführer Strategie und Geschäftsfeldentwicklung, EOS GmbH

Welche Technologien werden die Welt verändern?

Ich glaube, dass sich Technologien durchsetzen werden, die uns helfen, unsere großen gesellschaftlichen Herausforderungen zu lösen – etwa Ressourcenknappheit bei Rohstoffen, Wasser oder Lebensraum –, aber die uns gleichzeitig auch unterstützen, Trends wie beispielsweise die Globalisierung zu meistern. Heute sind wir nur bedingt darauf vorbereitet. Ein weiteres großes Stichwort ist Mobilität. Ich glaube an Technologien, die uns helfen, unsere globale Wertschöpfung und Logistik zu optimieren.

Wie zukunftsfähig ist Ihre Technologie?

Ich persönlich glaube, dass industrieller 3-D-Druck, das heißt additive Fertigungstechnologien dazu beiträgt, einige unserer Herausforderungen, wie beispielsweise die Knappheit von metallischen Werkstoffen, zu lösen. Additive Fertigungsverfahren wie das von EOS angebotene Laser-Sintern ermöglichen die Herstellung von Bauteilen mit einem geringeren, optimierten Materialeinsatz. Es wird nur so viel Material verwendet, wie zur Herstellung dieses Bauteils benötigt wird. Man reduziert signifikant Abfall und kann das Material in den meisten Fällen direkt wiederverwenden, was unter anderem dazu führt, dass dieses Verfahren Fertigungsprozesse revolutionieren wird.

3-D-Druck wird sicherlich dazu beitragen, bestehende Fertigungsparadigmen auszuhebeln. Heute ist es sehr, sehr schwierig, mit konventionellen Verfahren wirtschaftlich kleine Losgrößen zu produzieren, Economy of Scale ist ein maßgeblicher Treiber in vielen Industrien. Die additive Fertigung kann genau dieses Paradigma aufbrechen: Mithilfe der Technologie kann in kleinen Losgrößen wirtschaftlich produziert werden. Gleichzeitig unterstützt das Verfahren Trends wie Individualisierung oder die Demokratisierung der Fertigungstechnologien – Vorteile, die sich viele Unternehmen in Zukunft zunutze machen wollen.

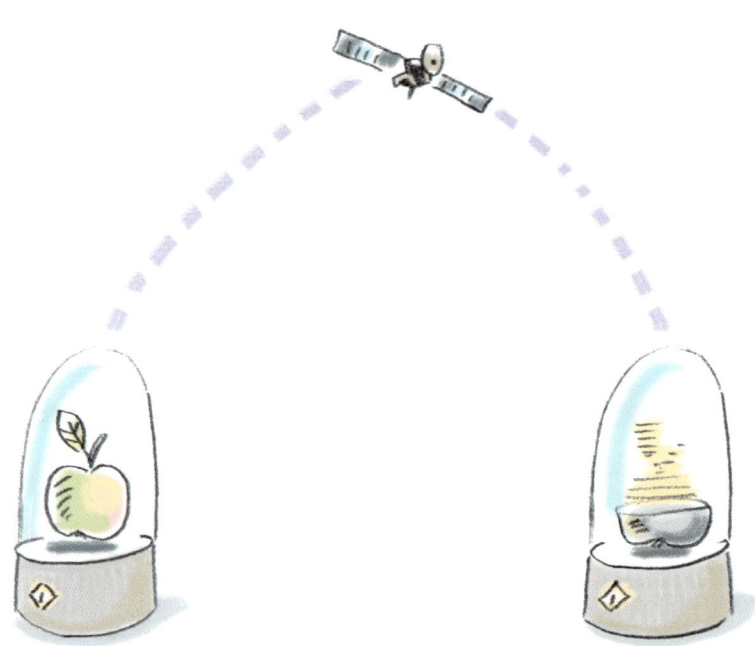

Was kann man sich unter additiver Fertigung vorstellen?

Mittels additiver Fertigungsverfahren können Sie direkt aus digitalen 3-D-CAD-Konstruktionsdaten komplexe dreidimensionale Bauteile herstellen. Dabei werden die 3-D-Daten in einzelne horizontale Schichten mit Schichtdicken zwischen 20 und 150 Mikrometer zerlegt, die dann im Fertigungsprozess Schicht für Schicht wieder aufgebaut werden. Dabei werden pulverförmiger Kunststoff oder Metallwerkstoffe mittels Laser Punkt für Punkt aufgeschmolzen und so die durch die 3-D-Daten vorgegebene Geometrie hergestellt. Am Ende wird das fertige Bauteil aus einem lockeren »Pulverkuchen« herausgelöst. Das verbleibende Pulver ist – zum Teil vermischt mit Neupulver – wiederverwendbar. Das fertige Bauteil kann im Nachgang je nach Bedarf weiterverarbeitet werden (Schleifen, Beschichten, Einfärben oder Ähnliches).

Welche Vorteile bietet das Additive Manufacturing?

Bisher war der Fertigungsprozess die Restriktion; ein Bauteil konnte nur so konstruiert werden, dass es sich hinterher auch konventionell – zum Beispiel mittels abtragender Verfahren – fertigen ließ. Mit unserer Technologie kann diese Restriktion ausgehebelt werden. Das bedeutet: Design und Konstruktion bestimmen die Fertigung und nicht umgekehrt. Damit lassen sich bionische, gewichtsoptimierte Teile fertigen, und die funktionale Integration ermöglicht die kostenreduzierte Herstellung von komplexen Bauteilen.

Sie können Ihre Lieferkette, Ihre Supply-Chain entkoppeln. In einem Teil der Welt können Sie ein Bauteil konstruieren, die entsprechenden Daten innerhalb von kürzester Zeit um den Globus senden und an einem oder mehreren Standorten gleichzeitig additiv fertigen. Das sind Vorteile, die sich viele Kunden zunutze machen wollen, weshalb sie sich sehr intensiv mit dieser Technologie beschäftigen.

Neben der flexiblen Art der Fertigung ergeben sich weitere Vorteile. So kann der Produkteinführungsprozess beschleunigt werden. Denn Sie sind natürlich signifikant schneller, wenn Sie direkt aus digitalen Daten reale Komponenten oder Bauteile herstellen können, ohne zusätzliche Werkzeuge und Maschinenvorbereitungen – mehr oder weniger auf Knopfdruck. Zum anderen ermöglicht die Technologie auch die Rückführung von Arbeitsplätzen in Hochlohnländer, da sie sich durch wenig manuelle Tätigkeiten und einen hohen Automatisierungsgrad auszeichnet. So hat einer unserer Kunden direkt im Zentrum von New York eine additive Fertigung aufgebaut und produziert dort auf einer Vielzahl von Maschinen Tag für Tag Tausende von Bauteilen.

Wird auch die Serienproduktion profitieren können?

Die Frage ist, wie Sie Serie definieren: Ist Serie »hohe Stückzahl«, oder ist Serie »hohe Varianz«? Aus meiner Sicht wird Serie bestimmt durch die Anzahl der gefertigten Teile. Wenn Sie heute Tausende, Hunderttausende, Millionen gleicher Teile produzieren müssen, dann gibt es etablierte Fertigungsverfahren, die besser geeignet sind als unser Verfahren.

Wenn Sie aber Produkte individualisieren wollen – auch bekannt unter dem Begriff »individualisierte Massenfertigung« –, wenn Sie Ihren Kunden Freiheitsgrade in der Fertigung geben wollen, dann haben Sie es immer mit geringeren Losgrößen zu tun, und diese sind prädestiniert für unsere Technologie. Deswegen glaube ich, dass sich dieses Verfahren mittelfristig auch in höheren Stückzahlen durchsetzen wird. Für unser Verfahren spielt es dabei keine Rolle, ob Sie tausend gleiche oder tausend verschiedene Bauteile herstellen, die Kosten sind immer gleich.

Welche Rolle spielt Ihre Technologie bei den Megatrends von morgen?

Der Klimawandel und die damit verbundene Notwendigkeit einer signifikanten Reduktion des CO_2-Ausstoßes ist ein Thema, das uns gesellschaftlich sehr stark beschäftigt. Wie macht man Fahrzeuge, Flugzeuge effizienter? Wie reduziert man den CO_2-Ausstoß? Indem man Gewicht reduziert. Mit unserer Technologie können Design und Konstruktion im Vordergrund stehen – wir sprechen hier von »Design-driven Manufacturing«. Somit lassen sich Leichtbaustrukturen nach bionischen Vorbildern herstellen. Das führt dazu, dass wir auf der einen Seite mit einem erheblich geringeren Materialeinsatz Bauteile herstellen können, die signifikant leichter sind als konventionell gefertigte und zu einer maßgeblichen CO_2-Reduktion führen. Auf der anderen Seite ergibt sich damit beispielsweise bei Flugzeugen gleichzeitig eine signifikante Treibstoffeinsparung, die zu einer Kostenreduktion über den Lebenszyklus hinweg führt.

Ein weiterer Megatrend ist der demografische Wandel. Die Gesellschaft wird immer älter, Menschen brauchen immer mehr Implantate, also »Ersatzteile« für den Körper. Mit unserer Technologie lassen sich Implantate herstellen, die deutlich leichter sind, die sehr viel schneller in den menschlichen Körper einwachsen und von ihm angenommen werden. Im Ergebnis steigt die Lebensqualität des Patienten, zumal so ein Implantat deutlich länger in seinem Körper verweilen kann.

Darüber hinaus spielt die Technologie beim Thema Globalisierung der Wertschöpfungsketten und Optimierung der Supply-Chain eine Rolle. Additive Manufacturing bietet die Möglichkeit, dezentrale Fertigungsstandorte einzurichten, wir nennen es »Factories around the Corner«. So können überall in den Megazentren digitale Fertigungszentren aufgebaut werden. Kunden können ihre digitalen Daten dort hinschicken und die entsprechenden Bauteile produzieren lassen. Von dort lassen sich die gefertigten Teile versenden oder sie können vom Konsumenten direkt abgeholt werden.

Sechster Sinn
für Zukunftstechnologien

Ein Morgen im Jahr 2030: Der Wall-Screen weckt uns mit sanfter Sonnenlicht-simulation, deren UV-Wellen den Biorhythmus stimulieren – der morgendliche Koffein-Kick ist längst passé. Dafür genießen wir ultrafloralbakterielle Bio-Milch, die der Kühlschrank erst am Tag zuvor via Internet frisch geordert hat. Wie teuer das ist, ergibt ein zweimaliges Wimpernblinzeln via Google Glass: Schon erscheint vor unseren Augen die Abbrechung des Online-Liefershops neben den Schlagzeilen des Tages.

Klingt plausibel? Mitnichten. Wenn wir uns mit Zukunftstechnologien befassen, begehen wir meist einen klassischen Fehler, nämlich dem Reiz der konkreten Prognose zu erliegen. Das liegt vor allem an der medialen Darstellung von Trendtechnologien, die auf den Consumer und damit auf das Endprodukt fokussiert ist: ein 3-D-Drucker, der Ersatzteile baut, oder ein Kühlschrank, der selbstständig Lebensmittel ordert, sind nicht nur technisch bereits Realität, sondern als konkrete Anwendungsbeispiele ideal für plastische und damit umso »wahrscheinlichere« Prognosen geeignet. Doch die Zukunftsforschung lehrt uns, dass prognostizierte Ereignisse umso unwahrscheinlicher eintreten, je konkreter man sie beschreibt. Diesen Effekt veranschaulichen auch Reversionen treffend: Kaum jemand hat 1998 die heutige Leistungsfähigkeit und Verbreitung von Smartphones konkret vorhergesagt – obwohl die Rahmenbedingungen für diesen Technologie-Push, vor allem das Internet und das Moore'sche Gesetz zur Integrationsdichte elektronischer Schaltkreise, bereits damals zum Allgemeinwissen zählten.

Das ist aber kein Grund für eine Prognose-Resignation. Alle genannten Beispiele verdeutlichen, dass singuläre technische Entwicklungen nur an der Wahrnehmungsoberfläche großer technologischer Umwälzungen erscheinen. Es lohnt sich, den Fokus zu ändern: weg vom detaillierten Endprodukt oder der potenziellen Dienstleistung, hin zur abstrakten, ökonomischen Strömung, die der Zukunftstechnologie zugrunde liegt. Der selbstständig Lebensmittel ordernde Kühlschrank mag auch in den nächsten 15 Jahre ein Medienphänomen bleiben; M2M-Technologien, Online-Services und Big Data, die ein solches Endprodukt erst möglich machen, sind es längst nicht mehr. Sie revolutionieren bereits im großen Stil das Konsumentenverhalten und damit Lieferketten und Wertschöpfungsprozesse.

Doch wie entwickelt man einen sechsten Sinn für Business-Innovationen, also ein pragmatisches, treffsicheres Sensorium für neue Technologien, die ganze Industrien und deren Supply-Chains komplett verwandeln? Letztlich ist die Frage, welche Blüten eine technologische Strömung treibt, nur zweitrangig. Wesentlich spannender ist die Eingrenzung auf konkrete Fragestellungen, die Unternehmen bereits heute klären können: Welcher technologische Trend verbessert die Effektivität entlang der gesamten Wertschöpfung, von F&E über Einkauf und Produktion bis hin zur Distribution? Welchen Trend kann ich wie nutzen, um Entwicklungsaufwände oder Risiken zu reduzieren?

Big Bang oder Hype: Technologiepotenziale eingrenzen

Die zentrale Frage beim Tech-Trendscouting lautet: Welche Technologie hat den größten Impact auf die Zukunft meines Unternehmens? So banal die Frage klingt, so komplex und schwierig ist ihre Beantwortung. Ein Beispiel: Sicher würden die meisten Automobilhersteller noch vor der Robotik die IT und Elektronik als größte Treiber ihrer Branche nennen. Generell mag das stimmen – wie derzeit in fast jeder anderen Branche auch. Aber schon bei der nächsten Differenzierung, was dies nun konkret für Produkte und Wertschöpfung bedeutet, nimmt die Prognosesicherheit rapide ab. Außerdem hat ein Technologie-Impact nicht zwangsläufig nur positive Folgen, selbst wenn man ihn rechtzeitig erkennt und nutzt.

Ein gutes Beispiel hierfür ist, wie radikal die Kosten- und Leistungsentwicklung bei Mikroprozessoren bislang die weltweite Mobilität verändert hat: 1978 läutete der erste Mikroprozessor in einem Cadillac Seville eine technische Revolution ein, die über die Jahrzehnte einen ungeheuren Entwicklungsschub entfachte. Leistete dieser 128-Byte-Arbeitsspeicher noch wenig mehr als ein Taschenrechner, steuern heute schon in Kleinwagen mindestens ein Dutzend Prozessoren Sicherheits-, Navigations- und Unterhaltungsfunktionen. Fahrerassistenzsysteme der Oberklasse heben die Prozessorenanzahl bereits auf über hundert. Das dürfte bald auch für durchschnittliche Pkw, Lkw und öffentliche Verkehrsmittel gelten. Die Vernetzung aller Verkehrsteilnehmer via WLAN erscheint als konsequenter nächster Schritt – und genau das könnte zur Trendumkehr führen. Denn dank WLAN-Vernetzung könnte der bis dahin wichtigste Vorteil des Technologie-Impacts, die Verkehrssicherheit, von jedem Hacker per Klick im Smartphone-Menü in ein lebensbedrohliches Dauerrisiko verwandelt werden.

Natürlich sind die Risiken einer neuen Technologie ebenso wenig vorhersehbar wie ihre Erfolge. Mithilfe der folgenden Fragestellungen lässt sich jedoch eingrenzen, ob eine Zukunftstechnologie tatsächlich das Potenzial zum »Big Bang« für die Wertschöpfung hat:

In welcher Entwicklungsphase befindet sich die Technologie?

Ein Medizinroboter, der per Handsteuerung vom anderen Ende der Welt eine Wundnaht versorgen kann, ist definitiv ein Innovationsdurchbruch. Bis zur Serienreife, geschweige denn zur großflächigen Anwendung, sind allerdings noch viele Hürden zu nehmen. Es ist kaum abzuschätzen, ob Sicherheitsfragen, Sensorikentwicklungen, der Gesetzgeber oder zu hohe Kosten die Entwicklung der Technologie ausbremsen oder beschleunigen werden. Interessant sind hingegen Anwendungen, die bereits mehrere Entwicklungsstadien durchlaufen haben und mit einem entsprechenden Preis-Leistungs-Verhältnis für mehrere Marktsegmente attraktiv und erschwinglich sind.

Wie viele Gesellschaftsbereiche beeinflusst die Technologie?

Je mehr Gesellschaftsbereiche – Wirtschaft, Umwelt, Politik, Soziales, Bildung – eine Technologie unmittelbar beeinflusst, desto eher wird sie sich als Leittechnologie etablieren. Der Impact der Robotik ist im Vergleich zur Informations- und Telekommunikationstechnologie (ITK) eher gering: Selbst bei weiteren Fortschritten in der Sensorik wird die Robotik vor allem die Fertigungsindustrie beeinflussen, für andere Branchen jedoch irrelevant bleiben. ITK hingegen wird mittelfristig mit Bereichen wie der Nano- oder Biotechnologie verschmelzen und kurzfristig nicht nur Innovationen im B2C-Sektor hervorbringen, sondern auch B2B-Dienstleistungen, Produktion, Energienetze, Transport und Logistik verändern.[64]

Schafft die Technologie langfristig stabile wirtschaftliche Werte?

Biotech-Entwicklungen zur Ernährung und Zucht von Aquakulturfischen scheinen auf den ersten Blick nur ein sehr fokussiertes Segment der Lebensmittelindustrie zu betreffen. Doch verbergen sich hier immense globale Wertschöpfungspotenziale: Innerhalb der letzten zehn Jahre ist die Produktion von Aquakulturfischen von circa 35 Millionen Tonnen auf heute fast 70 Millionen Tonnen angestiegen[65] – jeder zweite Speisefisch stammt aus einer Aquakultur. Mit steigender Tendenz, da die Weltbevölkerung weiter rapide wächst und gleichzeitig natürliche Fischbestände schrumpfen. Kleine Breakthrough-Tech-

---

64 http://www.stateofthefuture.de
65 FAO Fischerei & Aquakulturreport 2013

nologien, die die Aquakulturzucht ökologisch und vor allem ökonomisch effektiver machen als den konventionellen Fischfang, können also einen Industriezweig mit all seinen Logistikketten tief greifend verändern. Denn wer wird noch Wildlachse fangen und um den Globus senden, wenn Aquakulturfarmen die Fische selbst in der Wüste wirtschaftlich profitabler züchten?

Innovationen im Visier: Innovation-Scouts als Impulsgeber

Die Bedeutung von Future-Tech-Entwicklungen für die eigene Branche wird mit dem Instrumentarium eines »Innovation-Scouts« greifbar. Sie sind »Zielfahnder für Ideen«, sie clustern nach Methoden des klassischen Innovationsmanagements neue soziale, ökonomische, ökologische oder technologische Entwicklungen außerhalb und/oder innerhalb des eigenen Unternehmens und leiten daraus strategische Handlungsempfehlungen ab. Sie sind meist an der Schnittstelle zwischen F&E und der Geschäftsführung angesiedelt.

Die besten und schnellsten Resultate ergeben sich, wenn dieser Konstellation das Supply-Chain-Management hinzugefügt wird. Denn die Schnittstellenfunktion des SCM zu internen und externen Treibern von Innovationsprozessen bedient exakt die Informationsbedürfnisse eines Innovation-Scouts. Um beispielsweise technologierelevante Signale im Unternehmensumfeld schneller als der Wettbewerber wahrzunehmen, orientieren sich Innovation-Scouts an zwei Handlungspunkten: erstens der Technologieexploration, also dem Screening von Entwicklungen jenseits des aktuellen Portfolios, und zweitens der Technologieüberwachung, die externe Ereignisse und Entwicklungen erfasst und interpretiert.[66] Die wertvollsten Informationen erhält der Scout dabei nicht von wissenschaftlichen Institutionen. Deren »Thinking outside the box« mag inspirieren, bewegt sich aber oft auf einem Prototyping-Level. Wesentlich näher am Puls des Marktes und damit an einer erfolgreichen Technologiefrüherkennung sind innovative Kunden und Zulieferer. Unternehmen der Luft- und Raumfahrtbranche oder Medizintechnik leisten derzeit zum Beispiel Pionierarbeit beim Einsatz des Laser-Sinterns beziehungsweise 3-D-Drucks. Da dort jedes Gramm und eine hohe Individualisierung entscheidend sind, ist der flexible Schichtdruck mit den neuen Druckwerkstoffen sehr attraktiv – zumal diese auch über komplett neue Materialeigenschaften, wie etwa extreme Stabilität bei geringem Gewicht, verfügen.

Derartige Veränderungen bei Kunden, Zulieferern und Partnerunternehmen erscheinen in der Regel direkt auf dem Radar des Supply-Chain-Managers. Im Gegensatz zum Innovation-Scout kann dieser solche Informationen allerdings

---

66 Gerpott, Torsten J.: *Strategisches Technologie- und Innovationsmanagement*, Schäffer-Poeschel: Stuttgart 2005

nicht nur registrieren, sondern auch gleich in strategische und operative Frage-stellungen des Unternehmens einordnen: Sind zum Beispiel chinesische Roh-stoffmärkte für einen Boeing-Zulieferer überhaupt noch als Sourcing-Region attraktiv, wenn innerhalb der nächsten zwei Jahre bereits ein Drittel der Produk-te aus dem 3-D-Drucker kommt? Was bedeutet die Technologie für bestehende Zuliefererkooperationen und Logistikketten? Hat die F&E-Abteilung das Ver-fahren und den Werkstoff bereits geprüft, liegt dem CFO schon eine Kalkulation des Einkaufs für eine erste Testreihe vor? Je schneller diese und weitere klassi-sche SCM-Fragen beantwortet sind, desto agiler wird das Unternehmen in der erfolgreichen Adaption einer neuen Technologie sein.

Sven T. Marlinghaus,
Partner, Leiter of SCM & Procurement Consulting, KPMG

9. Qualifizierungslücke

Trend Insight

In einer wissensbasierten Gesellschaft verändert sich auch der Anspruch an Arbeit. 62 Prozent der Stellen am europäischen Arbeitsmarkt verlangen heute bereits nach Wissensarbeit, also nach Tätigkeiten, bei denen neues Wissen erworben und verknüpft wird und auf nicht standardisiertem Wege Ergebnisse erzeugt werden.[67] Über den Mangel an Facharbeitern und Ingenieuren klagen die westlichen Industrienationen schon lange. Die zunehmend vernetzte Wirtschaftswelt mit ihren rasant wachsenden Mechanismen zur Informationsverarbeitung und -verbreitung, neuen Technologien und digital-sozialen Organisationsstrukturen verlangt nicht nur nach mehr qualifizierten Mitarbeitern, sondern bedingt ein völlig neues Anforderungsprofil.

Dabei nennt das Institute for the Future als entscheidende Qualifikationen für die Zukunft vor allem die Fähigkeit, kulturübergreifend kommunizieren und virtuell kollaborieren zu können. Dazu kommen ein Verständnis für neue Medien, soziale Intelligenz, ein Design-Mindset sowie die kognitive Verarbeitungskapazität großer Informationsmengen.[68]

Das Missverhältnis zwischen dem Bedarf an derart qualifizierten und klassischen Fachkräften und den vorhandenen Humanressourcen – die Qualification-Gap[69] – bedingt, dass selbst bei renommierten Unternehmen Stellen für Hochqualifizierte lange unbesetzt bleiben.[70] Bei 80 Prozent aller japanischen Firmen blieben im Jahr 2011 Wissensarbeitsplätze mehr als sechs Monate offen. In den USA werden laut McKinsey im Jahr 2020 rund 1,6 Millionen Talente dieser Art fehlen. Der Zugang zur Ressource Mensch wird mehr und mehr zum ökonomi-

---

67 Kühmayer, F.: Research & Reflections: Future of Work für Microsoft.
68 http://www.iftf.org/futureworkskills2020
69 PWC: Managing tomorrow's people: The future of work to 2020, 2012
70 McKinsey Global Institute: Help wanted: The future of work in advanced economies, 2012

schen Entscheidungsfaktor und bringt neue Strategien und Modelle der Qualifikation mit sich.

Klassische Ausbildungswege an Universitäten und in Unternehmen sind immer seltener dazu in der Lage, alle in Zukunft erforderlichen Fähigkeiten zu vermitteln. Die Talente von morgen wählen deshalb neue Inhalte und Wege der Qualifizierung: E-Learning ermöglicht die ständige und zielgenaue Weiter-, Fort- und vor allem Selbstbildung, über Gaming-Mechanismen werden Spezialfähigkeiten wie etwa das Programmieren unterhaltsam erlernbar (wie zum Beispiel bei der Codecademy), und sogenannte Hybrid Classes lassen den modernen Nomaden situativ und flexibel entscheiden, ob er On- oder Offline-Kurse nutzen will.

Die logische Konsequenz aus den neuen Wegen der Qualifikation sind veränderte Karrierestrategien. Waren früher DAX-Unternehmen oder Marktführer das Ziel erfolgsorientierter Absolventen, umgehen viele Talente heute den »normalen« Arbeitsmarkt und versuchen sich in der Start-up-Kultur selbst direkt als Unternehmer. Micropreneurism ist die Folge, Learning by doing der neue Ausbildungsweg. Scheitern wird als Lernprozess salonfähig.

In der globalisierten Optionsgesellschaft, in der die Talente wie freie Radikale umherschwirren, sind vor allem ehemals attraktive Industrienationen vom Brain-Drain, dem Abwandern der Qualifizierten in urbane Ballungszentren und globale Innovation-Hotspots, betroffen. Nicht die Fortune 500, sondern Wissensparks in

Russland[71] (Skolkovo 2012), Research Hubs in Singapur und Inkubatoren in Indien und Afrika (i-hub)[72] arbeiten heute an den Ideen von morgen und generieren über die Ansammlung von Humankapital Wohlstand in den Regionen.

Der Kampf um Talente (»War for Talents«) findet daher zunehmend auf internationalem Terrain statt. Dabei werden für Unternehmen die richtige räumliche und inhaltliche Positionierung und ein attraktives Employer-Branding zur Überlebensstrategie. Firmen werden zu Marken, die für ein klares Wertesystem stehen und nach ihrem Engagement und ihrer Einstellung etwa zu Umweltangelegenheiten bewertet und ausgewählt werden. Die Empfehlung eines Unternehmens durch eigene Mitarbeiter über Social-Media-Kanäle oder das ehrliche Auftreten durch vollständige Transparenz sind Kriterien, nach denen sich Talente zukünftig für oder gegen einen Arbeitgeber entscheiden. Zusätzlich gelten flexible Arbeitszeitmodelle, regelmäßige Auszeiten wie Sabbaticals und die Freiheit zur Gestaltung eigener Projekte mehr als ein steiler Aufstieg in der Hierarchie oder Bonuszahlungen.

Mit flexibleren Arbeitnehmern und kürzerer Verweildauer im Unternehmen wird auch das Wissensmanagement für Unternehmen strategisch immer wichtiger. Wenn das kreative Kapital wandert, wird die Fähigkeit, Wissen im Unternehmen zu konservieren und für Nachfolger zugänglich zu machen, entsprechend wichtiger. Neue Berufsfelder wie Datenjongleure,[73] Data-Griots[74] oder Graphical Visualizer[75] können dabei helfen, denn sie machen Informationen kreativ nutzbar und können aus unsortierten Datenmengen einen bislang unterschätzten ökonomischen Mehrwert kreieren.

Der kreative Umgang mit Datenströmen, neue soziale Kompetenzen, digitale Literarität – diese Fähigkeiten sind das Betriebssystem der wissensbasierten Gesellschaft und entscheiden zukünftig über ökonomischen Erfolg oder Misserfolg. In der Folge wird das Personalmanagement zu einem wichtigen Innovationswerkzeug und neue Weiterbildungsstrukturen für bereits vorhandene Talente oder kreatives Recruiting[76] werden zu Lösungsstrategien. Jobanzeigen an ungewöhnlichen Orten, etwa als Graffiti oder auf Billboards, und spielerisches Werben um die besten Universitätsabsolventen erregen die Aufmerksamkeit der Talente. Ein Mix dieser Mittel wird helfen können, die Qualification-Gap zu schließen.

Katharina Kiéck,
freie Trendanalystin für TrendONE GmbH

---

71 http://www.sk.ru/en/
72 http://ihub.co.ke/pages/home.php / Hotspot of the Future / Monocle Magazine
73 http://www.guardian.co.uk/news/datablog
74 http://www.warrenellis.com/?p=13246
75 http://www.informationisbeautiful.net/
76 http://www.werkenbijhouthoff.nl/experience/

eLearning

Wahrnehmung

Coach as you go

Neue Medien

Emotionale Intelligenz

Design Mindset

Qualifizierungs-lücke

»Verhalten hat kein Auslaufdatum« – Qualifizierung über Generations- und Kulturgrenzen hinweg

Gespräch mit Dr. Kai-Holger Liebert,
Global Learning Manager, Siemens AG

Entwickelt sich die Generationsschere zu einer ernsthaften Bedrohung für deutsche Unternehmen?

Natürlich haben wir in Deutschland ein demografisches Thema. Wir werden immer älter, und wir werden natürlich ganz neue Herausforderungen in Unternehmen lösen müssen – was Führung und Zusammenarbeit angeht. Eben weil die demografische Spreizung unter den Generationen wesentlich größer sein wird, als sie vielleicht heute noch ist. Was dabei speziell für Siemens spannend ist: Die Bedeutung der demografischen Herausforderungen unterscheidet sich je nach Region sehr. Wir sind kein deutsches Unternehmen, sondern wir sind ein globales Unternehmen. Unsere demografischen Herausforderungen sind beispielsweise in Indien komplett anders als in China, den USA oder in Deutschland. Faszinierend ist, dass wir über das gesamte Unternehmen hinweg überhaupt kein demografisches Problem haben. Es gibt eine fantastische Altersstruktur. Aber wenn man die einzelnen Länder betrachtet, stellt man große Unterschiede fest – es gibt daher keine »one size fits all«. Jede Maßnahme gilt nicht in Indien genauso wie in China oder Deutschland. Wenn man über global aufgestellte Unternehmen spricht, ist die Problematik nicht so einfach zu pauschalisieren. In diesem Fall sollte man eher präzise einzelne Themenfelder betrachten.

Wie funktioniert generations- und kulturübergreifendes Lernen?

Dazu gibt es eine Grundregel: Je aktueller und relevanter das Wissen für mich persönlich ist, umso mehr gehe ich auch Kompromisse bei der Darreichungsform ein. Und das gilt fast überall auf der Welt, in unterschiedlichen Facetten und auch alters- und generationenübergreifend. Natürlich haben die jüngeren

Kollegen, zum Beispiel der Generation Y, meist wesentlich weniger Berührungsängste bei neuen Technologien und kommen gut damit zurecht. Ich glaube, dass viele ältere Kollegen hier noch einige Schwierigkeiten haben. Auch wenn es zum Beispiel darum geht, wie viel Wissen man eigentlich via Social Learning oder Social Media preisgeben möchte. Da bestehen noch – sicher gut begründete – unterschiedliche Verhaltensweisen, die man besser sukzessive auflöst. Dabei sehe ich Lernplattformen eben auch als Katalysator, um dies zu ändern. So machen wir es jedenfalls bei unseren Kursen – wir promoten aktiv diese Plattformen und leiten die Kollegen an, motivieren sie auch, ihr Wissen mit anderen zu teilen, da dies letztendlich allen mehr bringt. Hierbei gibt es vor allem interkulturelle Unterschiede: Im asiatischen Raum wird das Lernen mit Medien sehr viel mehr gefordert als bei uns. Das ist in den USA ähnlich, dort gehen wir auch sehr stark auf das E-Learning, da die Mitarbeiter weit über das Land verteilt sind.

Interessant ist aber: Bei einem realen, sehr guten Training stellen die Mitarbeiter fest, dass es nichts Besseres gibt, als Menschen wirklich physisch zusammenzubringen. Vor allem dann, wenn es nicht um theoretische Wissensvermittlung, sondern um konkrete Änderung von Verhalten geht. Das wird vermutlich auch in Zukunft so bleiben. Denn genau genommen hängt selbst bei der jüngeren Generation viel davon ab, dass man sich persönlich trifft. Was eher auf gesellschaftlicher Ebene passieren kann, ist, dass wir verschiedene soziale Schichten haben, die mit den Medien unterschiedlich umgehen. Darin liegt auf Dauer vielleicht noch eine größere Herausforderung für die Gesellschaft als bei generationsübergreifenden Themen.

Wenn ich mir die verschiedenen Generationen bei Siemens anschaue, ist es vermutlich auch gut, dass sie unterschiedlich sind. Es wäre für das Unternehmen ganz schlimm, wenn alle gleich denken würden. Jüngere Kollegen sind natürlich mit viel Energie dabei und wollen alles verändern; ältere Mitarbeiter hingegen haben viel Erfahrung und wenden vielleicht ein, dass man etwas zum Beispiel schon ein paarmal getestet habe und daher nicht wiederholen müsse. Aber auch dass die Jüngeren die Kraft und die Power haben und dagegenhalten, sprich es dann doch noch einmal versuchen und es anders machen, ist sehr positiv. Genau das macht die positive Spannung, macht Innovation und eine Kultur aus. Finden solche Reibungen in konstruktiver Atmosphäre statt, dann ist das doch ideal. Bedenken wie »Um Gottes willen, die Generation Y kommt jetzt rein, fühlen die sich jetzt wirklich wohl?« oder »Ach, die Älteren, wenn die E-Learning machen müssen, dann kriegen die ein Trauma!« führen zu nichts. Wir müssen hier viel forscher und mutiger sein und den Menschen zutrauen, dass sie mit den neuen Situationen klarkommen. Wir müssen eher sagen: »Leute, kommt, da ist eine Herausforderung, geht sie mit uns an.« Natürlich spielt das Lernen dabei eine große Rolle, um dieses Selbstvertrauen, dieses Selbstbewusstsein zu vermitteln. Ganz egal, ob ich nun Mann oder Frau, jung oder alt, im Ausland oder in Deutschland bin: Es ist immer die gleiche Herausforderung. Wir wollen Siemens auf dem Markt positionieren, und wir wollen besser werden, wir wollen tolle Produkte für unsere Kunden machen. Was kann es dann noch Besseres geben, als sich auch ein bisschen zu reiben, wenn daraus etwas Gutes, etwas Neues entsteht?

Wissen kann schon bei der Weitergabe überholt sein. Wie lösen Sie dieses Dilemma?

Das ist für uns gar kein großes Dilemma, da wir weniger auf Wissen, sondern mehr auf Verhalten gehen – und Verhalten ist eine Sache, die hat kein Auslaufdatum. Das heißt, wir bringen nicht nur Mitarbeiter in die Kurse und fertigen sie mit Fallstudien ab, sondern die Teilnehmer bearbeiten ihre eigenen aktuellen Arbeitsthemen in dem Kurs. Folglich bringen wir gar nicht mehr so viel Wissen ein. Wir machen Impulsvorträge und laden bestimmte Experten ein – aber eigentlich geht es darum, dass die Menschen sich in ihrem Thema selbst weiterentwickeln.

Wenn wir generische Wissensbausteine vermitteln, dann größtenteils über webbasierte Trainings. Denn darüber kann man auf Wissen zugreifen, wann man es braucht und wie man es braucht. Aber letztendlich schauen wir, dass wir so nahe wie möglich an den Geschäftsprozessen, an den Menschen dran sind, sodass die Problematik »veraltetes Wissen« in der Form gar nicht aufkommt.

Das war immer schon die Philosophie von Siemens. Wir haben vor ein paar Jahren einen eigenen »Way of Learning« entwickelt. Damit beschreiben wir genau die Grundlagen, wie Lernen bei Siemens funktioniert. Natürlich brauchen wir auch Impulse von außen. Die erhalten wir aber nur selten von Professoren, sondern meistens von Menschen aus der Praxis innerhalb und außerhalb von Siemens. Ganz wichtig ist dabei das Lernen in der Gruppe: Das heißt, ich bringe meinen Fall mit, ich lerne neue Sachen und ich habe Zeit, mich mit diesen neuen Sachen zu beschäftigen. Die Mitarbeiter erhalten nach dem Training auch die Zeit und die Anleitung, diese neu gelernten Inhalte zu verankern. Entsprechend begleiten wir viele Kollegen über Communitys, über Coaches oder über andere Maßnahmen im Berufsalltag weiter, damit sie möglichst viel von dem Gelernten in der realen Welt umsetzen können. Das Lernen endet also nicht nach dem Kurs, sondern geht dann erst richtig los.

Natürlich gibt es bei uns auch diesen Realitätsschock, wenn Mitarbeiter aus einem tollen Seminar kommen und dann in der Realität feststellen müssen, dass die Umsetzung doch nicht so einfach ist. Daher ist bei uns nicht nur die klassische Seminarabfrage direkt nach einem Seminar üblich. Wir erfragen auch nach drei Monaten noch einmal, ob das Seminar wirklich etwas gebracht hat und ob es Themen gab, welche die Mitarbeiter gehindert oder gefördert haben, das einzuführen, was sie ursprünglich im Kopf hatten. Es ist sehr spannend, wenn man diese Messung hat. Wir haben pro Jahr zwischen 50.000 und 100.000 Teilnehmer, deren Seminardaten wir auswerten können. Das ergibt eine statistische Relevanz, und wir können feststellen, wo Probleme und Verbesserungspotenziale liegen. Zudem erfahren wir, an welchen Stellen wir noch andere Elemente, andere Methoden einbinden können. Dabei sind wir auch recht innovativ: Wir versuchen immer wieder etwas Neues und prüfen dann, ob es funktioniert oder nicht.

Welche Trends prägen die Corporate Education bis zum Jahr 2030?

2030 ist natürlich ein weiter Blick. Wir schauen momentan nicht weiter als bis 2020. Was bis dahin passieren wird, ist eine weitere Globalisierung des Lernens. Wir werden das Lernen stärker individualisieren: Learning on Demand und Mobile Learning, vor allem basierend auf Videos, werden kommen. Wir werden die Teilnehmer noch mehr motivieren, eigene Inhalte einzubringen. Wir werden noch näher an die Geschäftsprozesse herangehen. Das bedeutet, Lernen wird sich viel mehr als heute mit dem täglichen Arbeiten verbinden.

Für die Weiterbildungseinheiten, also zum Beispiel für die Corporate Universitys, wird sich das Leben ganz dramatisch ändern. Denn die Geschäftsmodelle, die im klassischen Social-Media-Bereich bei Facebook oder bei Google laufen, basieren ja alle auf Werbung oder dem Verkauf persönlicher Daten. Das macht natürlich im Unternehmenskontext überhaupt keinen Sinn; es gibt ja Unternehmens-Directorys, über die man Namen auch so herausfinden kann. Das Geschäftsmodell für diese neue Welt des Lernens wird dementsprechend eine große Herausforderung sein. Wir werden auch neue Rollen im Sinne von Performance-Support kreieren müssen. Außerdem müssen wir uns damit beschäftigen, wie wir notwendige Kompetenzen nachweisen, beispielsweise über Zertifizierungen. Ohnehin wird das Thema »Content-Curation« sehr wichtig, also die Bewertung von Inhalten daraufhin, ob sie für das Unternehmen wichtig und richtig sind oder nicht.

Global agierende Unternehmen müssen sich in den nächsten Jahren auch mit ganz neuen Herausforderungen außerhalb der Didaktik oder heutiger Lernstandards auseinandersetzen – beispielsweise mit Fragestellungen aus Steuerrecht, Arbeitsrecht, Informationssicherheit und Datenschutz. Das sind ganz neue Themen, die beim Lernen eine große Rolle spielen werden. Denn je weiter ich das System öffne, umso mehr habe ich natürlich auch die Möglichkeit, Missbrauch zu betreiben.

Wie schützen sich Unternehmen gegen Know-how-Diebstahl und Datenlecks?

Wir haben bei Siemens zum Beispiel Social-Media-Nutzungshinweise für Mitarbeiter entwickelt, die wir mit einem webbasierten Training ausrollen. Aktuell haben wir hierüber schon über 100.000 Leute erreicht. Die Philosophie ist, die Mitarbeiter zu Beteiligten zu machen. Sie müssen die Motive des Unternehmens nachvollziehen können und auch die Gefahren sehen. Dabei gehen wir momentan eine richtige Gratwanderung: Erstens gibt es den Punkt »Nutzt es, aber bitte angemessen« – wir kontrollieren das nicht, das kann man auch gar nicht kontrollieren. Zweitens müssen wir die Mitarbeiter dafür sensibilisieren, was passieren kann, wenn man in dieses System Informationen einspeist, die nicht jeden etwas angehen. Und das ist ein Spagat, eine Balance, die nicht auf Knopfdruck funktioniert. Man muss sie erlernen und erfahren. Dabei wird es Rückschläge, aber auch viele positive Beispiele geben. Dafür muss man einfach Geduld haben, und Geduld ist natürlich nicht immer die größte Tugend in großen Unternehmen.

Kampf der Kompetenzen

Zukunftsmusik 2030: Kompetenzentwicklung

Wie lange brauchen Sie, bis sich etwas ändert? Wie lange brauchen die Ihnen unterstellten Manager und Mitarbeiter für einen Major Change? Auf diese Frage kann es nur eine Antwort geben.

Zu lange

Neun von zehn Managern antworten: »Zu lange!« Das gilt für die Einführung neuer IT-Systeme, das Erobern neuer Märkte, das Kontern von Konkurrenzattacken, für Suche und Einphasen neuer Lieferanten, die Integration, Flexibilisierung und Agilisierung von Supply-Chains und für jede andere operative und erst recht strategische Veränderung. Ein Vorstandsmitglied eines deutschen Konzerns sagte einmal: »Egal, was sich ändern muss: Es ändert sich zu langsam!« Wie kann das sein?

Milliardengrab

Natürlich geben wir jährlich Milliarden für Management-, Personal-, Organisationsentwicklung und Weiterbildung aus. Vieles davon ist nötig und nützlich. Aber wenn ich Manager auf das leidige Thema anspreche, sagen mir vier von fünf: »Eben waren meine Mitarbeiter im Training, und das funktioniert immer noch nicht! Die müssten doch jetzt eigentlich wissen, wie der Hase läuft!« Das tun sie. Sie wissen, wie der Hase läuft. Wenn sie am Samstag um 16 Uhr den Trainingssaal verlassen, wissen sie es. Wenn sie am Montagmorgen um 8 Uhr am Arbeitsplatz auftauchen, wissen sie es immer noch. Sie *machen* es bloß nicht, nicht ausreichend oder schnell genug. Warum nicht? Das weiß jeder, der schon einmal abnehmen wollte: Man macht selten, was man weiß. Wissen heißt nicht machen. Sonst gäbe es keine Raucher: Jeder weiß, wie gefährlich das Rauchen ist. Trotzdem geben wir es nicht (rechtzeitig) auf. Die Harvard-Professoren Pfeffer und Sutton nennen diese leidige Diskrepanz zwischen Wissen und Handeln »Knowing-Doing-Gap«. Eine euphemistische Umschreibung für die triviale Erkenntnis: Wissen ist »nice to have«. Machen ist »need to have«. Wir wollen nicht bloß mit Wissen unterhalten werden! Wir wollen, dass sich etwas ändert, dass unsere Mitarbeiter und Manager sich schnell, nachhaltig und zielführend ändern: Behavioral Change. Echte Veränderung. Real Change. Verhaltensänderung, nicht Wissensakkumulation. Noch sind das Schlagworte. Schöne Utopie. 2030 ist es Realität. Warum? Weil sich die Dinge ändern. Genauer: vier Dinge.

Der Return: Es kommt nur darauf an, was dabei herauskommt

Wenn sich Dinge ändern (sollen), kostet das normalerweise Geld. Der Paradigmenwechsel bei Management und Personnel Development kostet zunächst keinen Cent – trotzdem schaffen ihn zum heutigen Tag nur die Best in Class. Das ist paradox. Dieses Paradoxon ist paradigmenbedingt: In fast allen Seminarsälen regiert noch immer das Know-how-Primat. Es wird in erster Linie transferschwaches, praxisfernes, nicht anwendbares Wissen vermittelt – nicht handlungsleitende Kompetenz. Auf Märkten in Zeiten exogener Schocks und hoher Dynamik haben jedoch bereits heute jene Unternehmen und Supply-Chains die Nase vorn, deren Mitarbeiter und Manager nicht mit Wissen, sondern mit Kompetenz glänzen (können): Kompetenz entscheidet den Kampf um die Zukunft der Märkte. Bislang wissen das nur die wenigsten. Trainings werden heutzutage von Wissensvermittlung dominiert. Kein Wunder, dass Kompetenz und Return on Education regelmäßig äußerst dürftig ausfallen: Sie stehen überhaupt nicht auf der Trainingstagesordnung! Sie werden als Residuen konzipiert: »Trainiert schön! Mal sehen, was dabei herauskommt.« Es läuft so (falsch) wie überwiegend im Schulsystem: Erst werden Inhalte vermittelt, dann hofft man auf sozusagen osmotische Kompetenzbildung.

2030 wird es umgekehrt laufen. Da wird erst der Return definiert und dann die Kompetenzentwicklung so konzipiert, dass dieser Return erreicht wird. Return bedeutet: Handlungskompetenz und als deren konkrete Größe eine messbare Veränderung der Realität. Wenn zum Beispiel der Return erreicht werden soll: »Intensivere Integration von A-Lieferanten«, dann lautet das konkrete Projektziel des Return-Trainings: »Jeder der 20 Supply-Chain-Manager schließt noch während des laufenden (Intervall-)Trainings eine strategische Allianz – oder Vergleichbares – mit einem gelisteten Lieferanten ab.« Das Schöne daran: Bis zu diesem Punkt kostet der Paradigmenwechsel keinen Cent. Man muss lediglich von der irrigen Know-how-Orientierung zum Return-Paradigma wechseln. Das ist eine rein geistige Anstrengung nach dem Motto: »Ab sofort steht bei uns der Return im Mittelpunkt – und nicht die Seminarinhalte!« Dann weiß der Teilnehmer: Am Follow-up-Tag muss ich meinen Lieferanten integriert haben! Schafft er das?

Prozesscoaching: Coach as you go!

Natürlich entwickelt kein Mensch eine bestimmte Kompetenz und erreicht ein Ziel, bloß weil er es im Training anvisiert. Genau mit dieser heroischen Annahme operieren Trainings traditioneller Prägung: »Wir vermitteln dem Teilnehmer Wissen und hoffen, dass er das Wissen in Form von Kompetenz messbar umsetzt.« Tritt das erste Hindernis auf, ist der Trainer längst weg, und der Teilnehmer steht im Regen. Nicht lange. Bald schon gibt er auf oder läuft in die Irre. So wird keine Kompetenz entwickelt! Deshalb werden professionelle Return-Trainings schon heute mit Prozesscoaching transfergesichert – 2030 wird das Standard sein: Wenn der Teilnehmer vor den ersten Hindernissen steht, steht ihm ein professioneller Coach zur Seite, um sie zu überwinden. Und zwar ein persönlicher und ein virtueller Coach auf seinem iPad. Gut: Das kostet. Doch die Mehrkosten werden über den Projekt-Return amortisiert. Was heißt amortisiert! In der Regel fahren gut konzipierte Return-Projekte einen positiven Deckungsbeitrag ein, manche in strategischen Dimensionen. Das könnte man heute schon haben. Warum wird es noch so selten praktiziert? Weil bislang Coaches mit Coaching-, Prozess- und gleichzeitiger Supply-Chain-Kompetenz und -Erfahrung noch dünn gesät sind. Man muss lange suchen, bis man welche findet. Bis 2030 wird sich das geändert haben: Die Nachfrage regelt das Angebot.

Global Development: Kompetenz in allen Ländern!

Die Supply-Chains sind schon lange globalisiert, die Kompetenzen sind es noch lange nicht. Wenn heute ein CPO einen Strategiewechsel verkündet, kann er sicher sein, dass dieser in Westeuropa teilweise komplett anders implementiert wird als in den BRICS-Staaten und Asien. Weil die Kompetenzentwicklung in Westeuropa weiter ist als anderswo – 2030 ist möglicherweise China der Pacemaker für Kompetenzentwicklung. Und weil in anderen Ländern für dieselbe Strategie ganz andere Kompetenzen der Mitarbeiter notwendig sind, die die Kompetenzentwicklung bislang meist nicht einmal auf dem Radar hatte. Das liegt daran, dass es eine zentrale Kompetenzentwicklung unter Berücksichtigung unterschiedlicher Länderspezifika bislang noch nicht in ausreichendem Maß gibt – außer bei den Best in Class. 2030 wird auch das Standard sein. Aus einem einfachen Grund: Unternehmen, die kein Global Development besitzen, werden ihre Supply-Chains kaum gegen die starke Konkurrenz auf den Märkten halten können.

Supply-Chain-Academy: Wer zusammenarbeitet, trainiert zusammen!

Dass viele Unternehmen und Supply-Chains heute noch keine professionelle Kompetenzentwicklung betreiben, liegt an einem ganz bestimmten Antezedens: Es geht kaum ohne Supply-Chain-Academy. Behavioral Change und den Return on Education in den Mittelpunkt der Kompetenzentwicklung zu stellen, dafür return-trächtige Praxisprojekte zu identifizieren und für das Training konzeptionell aufzubereiten, die nötigen Trainer und Referenten dafür zu finden, die Arbeit der Teilnehmer an ihren Return-Projekten mit Prozesscoaching bis zum Erfolg zu begleiten – und das alles auch noch für alle Länder und alle beteiligten Partner in einer Supply-Chain –, das ist rein organisatorisch am besten und schnellsten mit einer gemeinsamen, funktions- und unternehmensübergreifenden Supply-Chain-Academy machbar. Die ersten dieser Akademien entstehen in diesen Tagen, 2030 werden sie Standard sein. Was nutzt dieser Standard?

Wozu die Mühe?

Seien wir ehrlich: Das Change-Management ist gescheitert. Während die Dynamik unserer globalisierten Welt immer stärker und schockartig zunimmt, nimmt die relative Geschwindigkeit des praktizierten Change-Managements sogar ab.

Viele Unternehmen werden mit jedem verstrichenen Quartal immer mehr zu Sitting Ducks. Eine zwangsläufige Entwicklung, solange das Dogma der Wissensvermittlung regiert und nicht der Kompetenzaufbau. Glücklicherweise gibt es bereits heute Pilotprojekte von Avantgardisten, die empirisch belegbar zeigen: Return-orientierte, projektzentrierte, prozessbegleitete und supply-chain-übergreifende Kompetenzentwicklung ist der dringend gesuchte Change-Booster. Ein Turbolader, der nicht nur die Veränderungsgeschwindigkeit jeder Abteilung, jedes Bereichs und jedes Unternehmens dramatisch steigert, sondern auch das erreicht, worauf es eigentlich ankommt: Transformation statt Change, Real Change statt Symptomtherapie. Diese Fähigkeit zu schnellem echtem Wandel wird umso wichtiger, je schneller und dramatischer die Kompetenzfelder im modernen Business wechseln: Vor zehn Jahren zum Beispiel hatte das Internet keinen wesentlichen Einfluss auf das Business. Während viele Manager derzeit noch bemüht sind, die heute notwendige virtuelle Kompetenz zu erwerben, bereiten sich die Frontrunner bereits auf die Zeit nach dem Internet vor. Welche Kompetenzen werden dann nötig sein?

Future-Competence

Das ist die zentrale Frage in einer Zeit hoher Dynamik. Es geht nicht mehr um Wissen. Wissen ist zu langsam. Es geht um die Frage: Welche Kompetenzen habe ich heute schon verpasst? Und welche werden morgen erfolgsentscheidend sein? Die Beantwortung letzterer Frage benötigt selbst eine eigene Kompetenz, die in den letzten fünf turbulenten Jahren einen Aufschwung ohnegleichen nahm: Future-Competence, Zukunftskompetenz. Was für den Manager der Vergangenheit die Planung war, ist für den Manager der Zukunft das Szenario: das Königsinstrument der Future-Competence. Schon heute hat jeder Manager davon gehört – aber nur rund 10 bis 20 Prozent können ein Szenario aufstellen und in ihrem Team bis in die letzte Konsequenz durchspielen. Schon wieder eine Lücke im Management-Development? Wohl eher eine Charakterfrage.

Manager mit Charakter

Natürlich weist das Management-Development heutiger Prägung große Mängel auf, allen voran das überholte Wissensdogma. Die empirische Analyse zeigt jedoch, dass ein geringer Anteil von Führungskräften quasi hinter dem Rücken des fehlerhaften Systems eine überragende Kompetenz erworben hat. Weil sie Autodidakten sind? Nein, weil sie starke Persönlichkeiten sind. Evident wird dieses Phänomen angesichts der grassierenden Burnout-Epidemie. Unter gleichen Bedingungen brennen ceteris paribus immer dieselben Manager aus. Da hat nichts mit »dem Stress« zu tun, sondern mit dem Charakter eines Managers: Es gibt die Burnout-Persönlichkeit. Umgekehrt: Starke Persönlichkeiten brennen nicht aus. Sie sind burnout-resilient und stressresistent. Darüber hinaus treffen starke Persönlichkeiten starke Entscheidungen. Entscheidungsschwache Menschen brennen aus, weil sie ständig grübeln: Soll ich oder nicht? Diese Grübelei lässt ausbrennen – nicht der Entscheidungsdruck! Das wirft ein völlig neues Licht auf das Management, insbesondere auf das Decision-Management: Wenn Manager häufiger danebentippen, muss das nichts mit ihrer mangelnden Kenntnis relevanter Entscheidungstechniken zu tun haben – obwohl das meist das Einzige ist, was den Verantwortlichen dazu einfällt: Schickt den entscheidungsschwachen Manager in ein Entscheidungsseminar! Oder verbessert die IT! Mit den bekannten Resultaten: Es ändert sich nichts wirklich. Das liegt daran, dass die Entscheidungen von Führungskräften nicht lediglich eine Frage der Entscheidungstechnik und der IT, sondern im wahrsten Sinne des Wortes eine Charakterfrage sind, eine Frage der Persönlichkeitsstärke. Mit dieser Stärke wird niemand geboren. Sie ist reine Entwicklungsangelegenheit.

Selbst der Königsweg dieser Entwicklung zeichnet sich bereits ab: Starke Persönlichkeiten machen starke Persönlichkeiten. Charakterstärke lernen Manager am liebsten und schnellsten von starken Charakteren oberhalb ihrer eigenen Hierarchieebene. Das sind meist nicht die Manager im Rampenlicht: Die altbekannten Gesichter bieten oft erstaunlich wenig transferierbare Kompetenz. Es sind nicht die Selbstdarsteller, sondern die genuin starken Charaktere, an und von denen Manager am liebsten und gewinnträchtigsten lernen: Management als Charakterfrage. Das ist es heute schon. Doch in Zukunft wird diese Kausalität auch so ins Management-Development integriert sein, dass wir endlich jene Führungskräfte bekommen, die eine ins ökonomische und ökologische Abseits abzustürzen drohende Welt schon heute so dringend benötigen würde.

Nicole Gaiziunas-Jahns,
Geschäftsführerin, Institute of Corporate Education e. V. (incore)

10. Welt des Mangels

Trend Insight

In 100 bis 150 Jahren, sagt ein Experte aus Saudi-Arabien. In maximal 12 Jahren, um die weltweite Nachfrage zu decken, sagt eine Forscherin des Deutschen Instituts für Wirtschaftsforschung. In 46 Jahren, glaubt BP.

Wer wissen möchte, wie lange die Erdölreserven noch ausreichen, findet viele Antworten. Klar ist nur eins: Erdöl ist knapp, wird in Zukunft noch knapper und irgendwann aufgebraucht sein. Und noch besorgniserregender: Erdöl ist nur eine der Ressourcen, die für Menschen und Volkswirtschaften heute überlebenswichtig und morgen nicht mehr verfügbar sein werden. Ähnlich wie beim Erdöl sieht es beispielsweise bei weiteren fossilen Brennstoffen wie Erdgas und Kohle und bei einigen Metallen aus. Um Seltene Erden, jene 17 Metalle also, von denen einige für die Produktion von IT-Geräten, Akkus und Displays verwendet werden, entzünden sich zwischen den Wirtschaftsmächten China, Japan, den USA und der Europäischen Union immer wieder scharfe Diskussionen. Zu diesen physischen Knappheiten kommen künstliche. Seit selbst Getreidesorten wie Weizen und Nutzpflanzen wie Soja zum Spekulationsobjekt geworden sind, kommt es dort immer wieder zu extrem hohen Marktpreisen. Das macht sie temporär für Menschen, die die Güter als Nahrungsmittel brauchen oder sie weiterverarbeiten wollen, unerschwinglich und sorgt so für eine De-facto-Knappheit eines eigentlich in ausreichender Menge produzierten Produkts. Wenn man Henrik Müller und seinem Buch *Die sieben Knappheiten* Glauben schenken mag, lässt sich das Mangelportfolio sogar noch um »Geist«, »Macht« und »Zeit« erweitern.[77] Das Einzige, so scheint es, über das wir auch in Zukunft immer ausreichend verfügen werden, sind Themenfelder, bei denen wir Angst vor einem baldigen Mangel haben.

---

77 Henrik Müller, *Die sieben Knappheiten,* Frankfurt/Main, 2008

Bleiben also alle Autos stehen und alle Häuser kalt, wenn in 12, 46 oder 150 Jahren das Erdöl aufgebraucht ist? Werden Smartphones und Tablets Mangelware, weil China die Seltenen Erden nicht mehr exportiert? Natürlich nicht. Denn die Ressource, die stetig wächst, ist das Wissen darüber, wie einem Mangel begegnet werden kann. Dieses Wissen steigt sogar, je konkreter das Bedrohungsszenario des Ausbleibens einer wichtigen Ressource wird. Das zeigt ein exemplarischer Blick in die Vergangenheit. Denn Ressourcenmangel ist keine neue Erscheinung des zukunftsängstlichen 21. Jahrhunderts, in dem Prognosen es vor allem dann in die Öffentlichkeit schaffen, wenn sie besonders bedrohlich sind. Ressourcenmangel ist vielmehr eine Konstante der Geschichte.

Vom Mittelalter bis in die Neuzeit zum Beispiel war Salpeter einer der wichtigsten Rohstoffe. Die stickstoffhaltigen Nitrate wurden zur Herstellung von Schwarzpulver ebenso benötigt wie zur Produktion von Dünger. Chile, Bolivien und Peru führten von 1879 bis 1884 sogar einen Krieg um ein Gebiet, in dem kurz zuvor große Vorkommen entdeckt worden waren. Ohne Salpeter, so schien es, ging nichts. Bis zum »Salpeterversprechen«. Als das Deutsche Reich zu Beginn des Ersten Weltkriegs weitestgehend von der Salpeterversorgung abgeschnitten wurde und die Rüstungsindustrie um Nachschub bangte, traf die Oberste Heeresleitung mit dem Chemiker Carl Bosch eine Vereinbarung – das Salpeterversprechen. Bosch sicherte zu, ein Verfahren für die industrielle Produktion von Salpeter zu entwickeln, quasi eine Weiterentwicklung des kurz zuvor mit Fritz Haber entwickelten Haber-Bosch-Verfahrens. Im Gegenzug forderte Bosch unter anderem eine Abnahme- und Preisgarantie für die produzierte Salpetersäure und ein Darlehen in Höhe von 35 Millionen Mark, um die benötigten Anlagen bauen zu können. Noch vor Ende des Krieges gelang dem Chemiker, was er versprochen hatte. Das Deutsche Reich konnte den Kampf gegen den Salpetermangel gewinnen.

Heute passiert etwas Ähnliches. Bei fossilen Brennstoffen werden fortlaufend Technologien entwickelt, die ihren Einsatz unnötig machen oder den Verbrauch drastisch reduzieren. Autos mit Hybridantrieb wie der Toyota Prius brauchen nur etwas mehr als vier Liter Benzin auf 100 Kilometer – etwa die Hälfte davon, was Autos von vergleichbarer Größe noch vor einigen Jahren benötigten. Auch in Sachen Stromerzeugung hat sich – unterstützt durch politische Maßnahmen – viel getan. In Deutschland ist der Anteil regenerativer Quellen bei der Stromerzeugung von 3,5 Prozent im Jahr 1990 auf 16,5 Prozent im Jahr 2010 gestiegen, vor allem zulasten fossiler Brennstoffe, deren Anteil deutlich zurückgegangen ist. In Bezug auf Seltene Erden gibt es ebenfalls erste Anzeichen der Entspannung: Japanische Wissenschaftler haben einen Elektromotor entwickelt, der ohne diese Metalle auskommt – eine Erfindung, die gleich auf zwei Knappheiten reagiert. Zum einen ist da der Verzicht auf Seltene Erden, zum anderen der Einsatz kraftstoffsparender Elektromotoren.

Physische Knappheiten sind also nur auf den ersten Blick ein Problem. Auf den zweiten Blick zeigt sich, dass sie ein großer Treiber für Innovation sind und sich aus ihrem frühen Identifizieren viele Möglichkeiten ergeben. Denn wer rechtzeitig reagiert, kann sich große Absatzmärkte sichern. Ressourcenknappheit ist also kein Grund, Angst zu haben. Sie ist die Chance, neue Märkte zu entwickeln.

Marc Lüttgemann,
TrendONE GmbH

»Eine nachhaltige und soziale Ernährung ist weltweit möglich« – ressourcenschonende Landwirtschaft löst die Herausforderungen der Zukunft

Gespräch mit Prof. Dr. Claus Hipp,
Geschäftsführer, HiPP-Werk Georg Hipp OHG

Wie sollten sich die globalen Ernährungsgewohnheiten verändern?

Wir werden sicher wieder in die Situation kommen, dass wir für Lebensmittel einen gerechteren Preis zahlen. Wir haben teilweise Preise, die sehr niedrig sind und die daher das Qualitätsdenken sehr erschweren. Wir werden sicher die Ernährung aus der Region wieder höher bewerten. Wir werden uns bewusster ernähren und mit Sicherheit die Überernährung als Fehlerquelle erkennen, als eine Belastung für die Gesundheit. Es wäre schön, wenn wir gerade in der westlichen Welt nicht damit fortfahren, 40 Prozent der Lebensmittel wegzuwerfen – denn allein diese Menge würde reichen, den Hunger in der Welt zu stillen.

Es muss eine gewisse Angleichung stattfinden, sodass dort, wo ein Überfluss an Lebensmitteln besteht, mit diesen Lebensmitteln behutsamer umgegangen wird, und dort, wo Lebensmittelknappheit herrscht, eine Verbesserung der Situation entsteht. Dazu sollten wir nicht Abhängigkeiten schaffen, sondern alles tun, damit Menschen, die heute Hunger leiden, eine eigene Landwirtschaft entwickeln und sich damit selbst helfen können. Denn Subvention in Form von Lebensmitteln ist immer sehr zum Nachteil der Landwirtschaft in dem Land, das bedacht wird.

Wo sehen Sie Ihre Verantwortung als Lebensmittelproduzent?

Seit über 50 Jahren betreiben wir biologischen Landbau. Das bedeutet für uns einen sorgsamen Umgang mit der Schöpfung, ein Bodenleben, das in Ordnung ist, damit die Pflanze das bekommt, was sie braucht. Das ist nichts Neues, das geht zurück auf Albrecht Thaer, der 1752 geboren wurde. Thaer hat schon festgestellt, dass ein gesunder Boden gesunde Pflanzen hervorbringt und gesunde Pflanzen die Basis für gesunde Tiere und Menschen sind. Wenn wir einen Teil der Lebensmittel nicht aus der näheren Umgebung, sondern aus weiter Ferne beziehen, dann geschieht das zum einen, um das Angebot entsprechend zu bereichern, zum anderen, weil die Verbraucher das ja auch wünschen. Aber wir dürfen auch nicht vergessen, dass es in der Dritten Welt oftmals eine große Hilfe für die Menschen ist, das zu verkaufen, was sie der Natur entnehmen können. Die Art und Weise, wie diese Waren transportiert werden, ist sicher diskussionswürdig. Aber oftmals sind die Lagerkosten im Schiffsraum günstiger als Lagerkosten in einem teuren Lagerraum.

Honorieren Ihre Kunden die nachhaltige Produktion?

Es ist immer eine Entscheidung der Verbraucher, was sie essen wollen. Jeder in der westlichen Welt weiß, dass Bananen einen gewissen Weg hinter sich haben. Wir werden in Zukunft vermehrt eine Ökobilanz bei Produkten oder einen CO^2-Fußabdruck abfragen, um zu erkennen, welche Belastungen ein Produkt hinter sich hat, bis es zum Verbraucher kommt.

Mit Sicherheit legen die Kunden großen Wert darauf zu erfahren, wie Lebensmittel für Säuglinge hergestellt werden: wer damit beschäftigt ist, welche Bauern sie erzeugen, wo die Inhalte herkommen, aber auch wie sie verarbeitet werden. Und wenn ich mit meinen Mitarbeitern, meinen Lieferanten und Kunden anständig umgehe, dann wird das sicher besser funktionieren, als wenn ich das nicht tue. Das sind Dinge, die in der Werbung nicht ausgedrückt werden können, aber die Verbraucher haben ein gutes Gespür dafür.

Kann nachhaltige Landwirtschaft produktiv sein?

Das Interesse an biologischen Lebensmitteln nimmt immer stärker zu, und die Bauern reagieren darauf. Es ist langfristig gesehen sicher möglich, den Bedarf an biologischen Lebensmitteln zu decken. Die Vernunft wird auch in den weniger entwickelten Ländern schlussendlich siegen. Genauso wie die Erkenntnis, dass im biologischen Landbau schonender, wirtschaftlicher mit der Natur umgegangen wird als im konventionellen Landbau und dass dort weniger Abhängigkeiten entstehen. In Amerika wird heute über die konventionelle Landwirtschaft pro Hektar eine Person ernährt. Wenn wir es gerecht umrechnen, dann hat das alte Ägypten – mit der Kultur des Landbaus der Nilebene – pro Hektar 15 Menschen ernährt. Und selbst die Azteken mit ihren Wasserkulturen ernährten 17

Menschen pro Hektar. Also, eigentlich haben wir einen Rückschritt gemacht: Wir haben Wissen, das erfolgreich eingesetzt wurde, nicht umgesetzt, sondern sind einen anderen Weg gegangen.

Was bringt nachhaltige Landwirtschaft der Umwelt?

Der biologische Landbau ist für Schöpfung und Natur ein großer Vorteil, vor allem für das Wasser. Wir halten ungefähr die vierfache Menge vom Titisee im Schwarzwald jedes Jahr sauber – ohne eine Belastung, wie man sie in der konventionellen Landwirtschaft hätte.

Das Wasser wird in Zukunft sicher ein Problem sein. Wenn man nur betrachtet, wie viel Wasser es auf der Erde gibt: Es sind 70 Prozent, der Rest ist Land. Aber das für uns verfügbare Süßwasser beläuft sich auf 0,007 Prozent des gesamten Wasservorkommens auf der Erde – die Eiskappen am Nord- und Südpol und das Wasser in Flüssen nicht mitgerechnet. Der Durchschnittsverbrauch pro Tag liegt in Amerika bei 297 Litern pro Kopf und in Nigeria bei 5 Litern. Wir werden also viel unternehmen müssen, um sorgsamer mit Wasser umzugehen.

Die Lebensmittelindustrie arbeitet an diesem Problem sehr intensiv. Unser Unternehmen hat zum Beispiel pro erzeugte Tonne Lebensmittel den Wasserverbrauch um 70 Prozent reduziert, bei gleicher Qualität. Das wird in anderen Betrieben ähnlich sein. Die Lebensmittelindustrie arbeitet immer an neuen Technologien für eine bessere, schonendere Verarbeitung der Lebensmittel und eine einfachere Haltbarmachung.

Wie beeinflusst der Trend zur Bioenergie die Landwirtschaft?

Wir müssen sicher die Energiefrage für die Zukunft lösen. Dazu besteht natürlich die Möglichkeit, aus biologischem Material Energie zu erzeugen. Wenn es sich um Abfallmaterial handelt, oder wenn es sich um Material handelt, das im Einklang mit der Natur hergestellt wird, dann ist das sicher eine gute Lösung. Wenn es aber unter Ausbeutung der Natur passiert, dann wird es problematisch. Der übertriebene Maisanbau wird die Böden in acht bis zehn Jahren so ausbeuten, dass wir ein großes Problem bekommen. Denn er wird mit Unterstützung der Agrarchemie betrieben, da Mais ja nicht als Lebensmittel betrachtet wird, wenn der Anbau zur Energiegewinnung geplant ist. Hier müssen wir langfristig denken. Früher hat der Bauer auch Hafer angebaut, für seine Pferde, die den Pflug gezogen haben. Also, theoretisch wäre es auch in Ordnung, Raps anzubauen, um damit einen Traktor anzutreiben. Technisch funktioniert das ja. Aber wir müssen langfristig denken und dürfen den kommenden Generationen keine Schäden hinterlassen, die sie nicht mehr rückgängig machen können.

Kann Gentechnik eine Lösung sein?

Über die grüne Gentechnik ist viel geschrieben worden, meistens von Befürwortern. Aber es gibt auch Wissenschaftler, die warnen: Es ist sehr gefährlich, wenn man Pflanzen normt und damit die Natürlichkeit der Entwicklung blockiert. Denn normalerweise kann sich eine Pflanze den Umständen anpassen. Die Starken werden überleben, die Schwachen werden eben nicht überleben, und somit haben wir einen Mechanismus, der funktioniert. Wenn dieser Mechanismus aber unterbunden wird, ist das gefährlich. Beispielsweise beim Mais: Den hat man genetisch so verändert, dass der Maiszünsler, ein Schädling im Maisbau, eben nicht mehr Freude hat, diesen Mais zu fressen. Aber als dieser Mais an Rinder verfüttert wurde, sind große Schäden entstanden. Da gibt es ein Beispiel von einem Landwirt in Hessen, der ein großer Rinderzüchter war, am Schluss aber überhaupt kein Rind mehr im Stall hatte, weil sie alle krank wurden und keine Kälber mehr bekamen.

Es bestehen starke wirtschaftliche Interessen von Betrieben, die entsprechendes Saatgut verkaufen. Das steht einer natürlichen Landwirtschaft gegenüber, die unabhängig reagiert. Grüne Gentechnik schafft Abhängigkeiten, vor allem in der Dritten Welt. Ich bin dafür, dass wir gentechnische Forschung machen – aber es muss kontrollierbar sein. Wir dürfen nichts in die Freiheit entlassen, was nicht mehr zurückgeholt werden kann.

Erfolg und Wachstum in Zeiten von Knappheit – Mangel als Innovations- treiber des Supply-Chain-Managements

»Alles Wollen entspringt aus Bedürfnis, also aus Mangel, also aus Leiden.«

Arthur Schopenhauer

Sind Sie ein Rohstoffspekulant? Falls Sie jetzt an Ihr Wertpapierdepot oder Ihre Goldbarren im Safe denken und die Frage mit einem entschiedenen Nein beantworten, sollten Sie vorher noch die Smartphones, Tablets, PCs, E-Reader, MP3-Player, LCD-Fernseher, ja eigentlich alle technischen Geräte in Ihrem Haushalt zählen. Denn die Menge der darin enthaltenen Rohstoffe summiert sich schon bei einem Ein-Personen-Haushalt schnell auf einen erstaunlichen Materialwert. Natürlich bewegen Sie alleine damit noch keine Märkte – aber die Masse macht's. Allein 100 Millionen Euro an Rohstoffwert bringen die 72 Millionen alten Handys zusammen, die laut einer Schätzung des Bundesum- weltamts in deutschen Schubladen liegen; und bereits 41 Handys enthalten so viel Gold wie eine Tonne Golderz.[78] Ein ungehobener Schatz, der den Um- gang mit endlichen Rohstoffen beispielhaft revolutionieren kann? Mitnichten. Denn bei gleichbleibend ansteigender Produktion immer neuer Endgeräte für bestehende und aufstrebende Märkte wird der zunehmende Rohstoffhunger nur dann befriedigt werden können, wenn Unternehmen sich Recyclingkreis- läufe schnell und effektiv erschließen, zum Beispiel über eine Reverse-Sup- ply-Chain-Management-Strategie. Schließlich ist es nicht nur Gold, das als begrenzt verfügbare Ressource knapper wird. Eine EU-Untersuchung[79] hat 2010 die wirtschaftliche Bedeutung von 41 Rohstoffen im Verhältnis zu ihren Beschaffungsrisiken untersucht. Das Ergebnis: Die Verfügbarkeit von 14 von der europäischen Industrie besonders benötigten Rohstoffe wie Kobalt, Tanta- lum oder Germanium gilt bereits heute als »kritisch«. Der Mangel mag für den einzelnen Konsumenten noch nicht spürbar sein, aber er begleitet uns bereits heute.

---

78 Niesing, B.: Recycling 2.0 – perfekt getrennt. In: *weiter.vorn – Das Fraunhofer-Magazin*, Ausgabe 1/13
79 European Commission: Critical raw materials for the EU – Report of the Ad-hoc Working Group on defining critical raw materials. European Commission (EC), 2010

Wie sollten Supply-Chain-Manager mit dieser Verknappung natürlicher, endlicher Rohstoffe – und das können je nach Auslegung und Region auch Wasser, Nahrungsmittel und Energie sein – grundsätzlich umgehen? Hierzu gibt es derzeit nur zwei nachhaltig erfolgversprechende Optionen:

1. Adaptive Supply-Chains schaffen, die frühzeitig Risiken und Marktchancen in der Knappheit erkennen und Unternehmen entsprechendes Handeln erlauben.
2. Knappheit als Innovationstreiber für die Supply-Chain erkennen und diesen in die strategische Ausrichtung von Produktentwicklung, Werkstoffforschung und beim Recycling aktiv einbeziehen.

Risiken eingrenzen, Effizienzmodelle fördern

Natürlich sollte der steigende globale Ressourcenbedarf für ein international agierendes Unternehmen nichts Neues mehr sein, wenn es um die strategische Planung von Supply-Chains geht. Das anhaltende Wachstum der Weltbevölkerung und veränderte Lebensgewohnheiten werden die relative Knappheit natürlicher Ressourcen weiter verstärken und damit auch die Preisentwicklung von Rohstoffen und die Spekulation mit selbigen anheizen. Dass dies ohne ökonomische, ökologische und auch soziale Herausforderungen und Verteilungskonflikte ablaufen wird, ist unrealistisch. Dies ist jedoch nur die eine Seite der »Risiko-Medaille« Knappheit – denn Knappheit steht immer in enger Beziehung zu Reichtum. Tatsächlich resultieren die meisten innerstaatlichen Konflikte aktuell nicht aus Knappheit, sondern aus einem Zusammenspiel von Ressourcenreichtum und Habgier. Dies gilt insbesondere für Entwicklungs- und Schwellenländer: Vor drei Jahren lebten rund 75 Prozent der als arm geltenden Weltbevölkerung in einem rohstoffreichen Land.[80] In dieser globalen Dimension von Knappheit und Überfluss sind gerade Unternehmer gefordert, Ressourcenkonflikte auch als Chance und Aufgabe zu begreifen, gemeinsam mit der Politik Anreize für Kooperation, Wachstum und Wohlstand zu schaffen. So erzielt man beispielsweise in Botswana über Joint Ventures zwischen Regierung und Wirtschaft Gewinne aus dem Diamantenhandel und investiert diese zielgerichtet in Infrastruktur und Entwicklungsmaßnahmen, wodurch die Zahl der Menschen unterhalb der Armutsgrenze bereits deutlich gesenkt werden konnte.[81]

Aber auch für unsere heimischen Beschaffungsmärkte und die Wertschöpfungsketten in Europa wird es in Zukunft entscheidend sein, Knappheit nicht nur als Risiko, sondern vor allem als Chance und Katalysator für Innovation

---

80 Bundesministerium für wirtschaftliche Zusammenarbeit und Entwicklung (BMZ): Entwicklungsfaktor extraktive Rohstoffe. Ein Positionspapier des BMZ, 2010
81 http://www.spiegel.de/wirtschaft/botswana-diamanten-fuer-die-armen-a-901783.html

und Entwicklung zu begreifen. Jede Ressource und jedes Absatzwachstum hat eine Grenze, daher wird der Fokus der Wertschöpfung in Zukunft viel stärker auf der Frage liegen, wie die heute noch ungenutzten Potenziale in Entwicklung, Herstellung und Verwertung von Produkten erschlossen werden und damit das von den begrenzten Primärrohstoffen abhängende Wachstum ersetzen können. Die technische und wirtschaftliche Effizienz eines Produkts, über seinen gesamten Lebenszyklus hinweg, von der Herstellung bis zur Wiederverwertung, wird damit zur entscheidenden Grundlage unternehmerischen Erfolgs. Was wirtschaftlich sinnvoll und in der Praxis machbar ist, hängt jedoch häufig auch von der Kooperation zwischen Politik, Wirtschaft und Konsumenten ab. Sinnvoll und realistisch sind beispielsweise Transparenzvorschriften zum ethischen und nachhaltigen Rohstoffmanagement wie etwa ein Verzicht auf Konfliktmineralien in der Elektronikindustrie oder die Vereinbarung von Höchstgrenzen für den Treibstoff-/Energieverbrauch von Fahrzeugen und ausgewählten elektronischen Produkten.

Die Supply-Chain auf (Ressourcen-)Effizienz trimmen

Dabei gibt es für Unternehmen bereits heute vielfältige Ansätze und Wege, um die Ressourceneffizienz in der Produktgestaltung zu steigern und alternative Rohstoffquellen zu erschließen. Sei es durch den Einsatz von Recyclingmaterialien – dass sich dies lohnt, zeigen Beispiele wie das der amerikanischen Müllkippen, auf denen jährlich mehr Aluminium landet, als an Rohstoffen neu gewonnen wird[82] – und vor allem auch durch gänzlich neue Werkstoffe sowie die Anwendung von Ergebnissen aus der Bionik und der industriellen Biotechnologie. Je nach Industriezweig und Sourcing-Strategie unterscheiden sich verständlicherweise Bedarfe und Rahmenbedingen wie auch mögliche Ansatzpunkte für mehr Ressourceneffizienz sehr. Für das Supply-Chain-Management existieren dabei drei grundsätzliche Voraussetzungen, unter denen der Mangel zum Innovationstreiber für die Wertschöpfung werden kann.

1. Ressourcen- und wirtschaftliche Effizienz kontinuierlich steigern

Lebenszyklusanalysen sind der Königsweg zu einer gesteigerten Ressourceneffizienz. Es handelt sich hierbei um Input-Output-Analysen über alle Stufen der Supply-Chain hinweg, also von Entwicklung und Design über Produktionsplanung, Herstellung, Vertrieb und Gebrauch bis hin zur Entsorgung und

---

82 Reuscher, G.: Innovationen gegen Rohstoffknappheit. In: *Zukünftige Technologien* Nr. 74, 2008

Wiederverwertung eines Produkts. Dabei können auf jeder Stufe Lösungen gefunden werden, um für das eigene Unternehmen als auch für Kunden, Partner und Dienstleister positive Resultate zu erzielen. So setzt man beispielsweise in der Möbelindustrie längst nicht mehr nur auf Spanplatten aus reinem, knappem und relativ teurem Holz, sondern gibt den Platten als Substitute in Teilen auch leichte Kunststoffe oder recycelte Faserreste bei. Damit wird nicht nur ein Kostenvorteil in der Produktion erreicht; darüber hinaus profitiert zum Beispiel auch der Transporteur von der Gewichtsreduktion, die sich auf die maximale Beladung und den Treibstoffverbrauch auswirkt.

2. Transparenz, Leistungsfähigkeit und Flexibilität der Supply-Chain verbessern

Je transparenter die Prozesse in der Supply-Chain abgebildet werden können, desto besser sind langfristig auch die wirtschaftlichen Ergebnisse für alle beteiligten Partner. Die Leistungsfähigkeit der gesamten Einheit zu steigern, bei einer immer geringeren Wertschöpfungstiefe des einzelnen Gliedes, stellt hierbei die zentrale Herausforderung dar. Neben dem Einsatz optimaler Materialien und bestmöglicher Produktionsbedingungen für Produkte kommt es daher vor allem auf eine möglichst reibungslose Kommunikation bei der Planung und Steuerung innerhalb der Kette an. Da es in einer Lieferkette, oder besser in den komplexen Beziehungsgeflechten, in welchen sich die heutige Wertschöpfung abspielt, aber keine zentral koordinierende Stelle geben kann, sind die Fähigkeiten zur dezentralen Koordination und Steuerung bei allen Beteiligten gefordert. Supply-Chains erhalten damit eher die Charakteristiken eines Insektenstaats, welcher in nahezu perfekter Art und Weise ohne eine zentrale Planung Bedarfe und Potenziale erkennt, über Botenstoffe blitzschnell und effektiv kommuniziert, umsetzt und dabei dennoch in der Lage ist, auf plötzliche Änderungen zu reagieren.

Für den Supply-Chain-Manager lässt sich aus diesem Beispiel Folgendes lernen: Zum einen sollte er bei der Auswahl seiner Partner auf eben diese Fähigkeiten achten, noch mehr aber sollte er im Blick haben, inwieweit seine Lieferanten und Dienstleister eine solche Philosophie von Supply-Chain für sich bereits realisiert haben. Ergänzt werden sollten diese eher weichen Faktoren um moderne technologische Systeme in Informationsverarbeitung und Kommunikation. So setzen beispielsweise viele Logistiker und Wertstoffrecycler bereits auf ein Container-Management via RFID-basierter M2M-Kommunikation, um ihre Arbeits- und Informationsprozesse im Materialfluss zu verbessern, und in der Automobil- und IT-Industrie werden große Anstrengungen unternommen, softwaregestützt die Supply-Chains bis zur Rohstoffquelle kontinuierlich zu kartografieren.

3. Beschaffungs- und Risikomanagementstrategien anpassen

Global Sourcing und komplexe Lieferketten bergen auf den ersten Blick vor allem eins: mehr Komplexität und daraus resultierend ein »Mehr« an Risiken. Risiken hinsichtlich Qualität, Preisen, Bedarfsmengen, rechtlichen Anforderungen, um nur einige zu nennen, multiplizieren sich mit der Anzahl der Märkte exponentiell. Die gute Nachricht ist, dass dies auch für die Optimierungspotenziale und damit Chancen innerhalb der Supply-Chain gilt. Um diese Potenziale zu erschließen, gilt es jedoch zuallererst, den strategischen Fokus des Einkaufs neu zu justieren. Der Weg führt hierbei weg vom vorherrschenden Kostensenkungsdogma der letzten beiden Dekaden, hin zu einem ausbalancierten ganzheitlichen Ansatz, in dem Kosten-, Qualitäts- und Innovationsrisiken aktiv durch den Einkauf gesteuert werden. Einkauf und Supply-Chain-Management müssen hierfür eine funktionsübergreifende Kooperation mit dem Risikomanagement auf Unternehmensebene eingehen und so der zukünftigen Rolle für die strategische Ausrichtung und den Erfolg des Unternehmens gerecht werden. Gelingt der Informationsfluss zwischen diesen internen Partnern, sind in einem nächsten Schritt die wichtigsten externen Partner einzubeziehen. Durch gezielte Lieferantenauswahl und -entwicklung sind dabei der Informationsaustausch und die Steuerungskompetenzen entlang der Kette zu optimieren. Dies schafft für alle schneller ein Bewusstsein für die zu bewältigenden Herausforderungen und liefert zudem häufig direkt die notwendigen Lösungsansätze im Umgang mit Verknappung. Vor allem internationale Kooperationen erweitern dabei die Perspektive und treiben entsprechende Innovationen voran, vorausgesetzt, dass alle Beteiligten nicht von einem eigenen Herrschaftswissen mit perfekten Lösungen ausgehen, sondern neue Impulse und Wissen bereitwillig aufnehmen und adaptieren.

Sechs Schritte, Verknappungsrisiken in Innovationstreiber zu verwandeln

1. Strategische Bedeutung des Mangels erkennen und Bewusstsein unternehmensweit schärfen
2. Transparenz schaffen
3. Strategien erarbeiten und Handlungsfelder definieren
4. Prioritäten setzen
5. Umsetzung der Strategien frühzeitig starten
6. Controlling und Nachhaltigkeit sicherstellen

Zentrale Herausforderungen

- Fachbereichsübergreifenden Ansatz entwickeln,
- mit neuen Partnern/externen Know-how-Trägern kooperieren,
- enge internationale Zusammenarbeit fördern (insbesondere bei Konzernen),
- Vorbildfunktion des Managements und Einbindung der Mitarbeiter praktizieren,
- Know-how aufbauen und Transparenz herstellen.

Thomas Kappler,
Assistant Manager Consulting, KPMG

11. Zeitalter der Nachhaltigkeit

Trend Insight

Der Menschheit ist inzwischen klargeworden, dass das globale Ökosystem den massiven Eingriffen des Menschen nicht mehr lange standhalten wird. Der daraus resultierende Wunsch, ethisch und ökologisch vertretbar zu handeln, hat sich gesellschaftlich so stark manifestiert, dass der Begriff der Nachhaltigkeit als Lippenbekenntnis ausgedient hat.

Was für den Konsumenten zählt, sind nicht die Versprechungen auf Jahreshauptversammlungen, sondern die Taten. Vor allem dann, wenn die dahinterliegenden Prozesse und Produktionsschritte so komplex sind, dass sie für viele Menschen nicht mehr nachvollziehbar sind. Transparenz ist dadurch zu einer Selbstverständlichkeit geworden – vertraut wird denjenigen, die Transparenz schaffen. Neben den Freunden und der Familie sind dies vor allem Nichtregierungsorganisationen oder Whistleblower-Webseiten,[83] die Unternehmen oder Staaten auf digitalem Wege innerhalb weniger Sekunden und mit einer globalen Reichweite für ihr Fehlverhalten an den öffentlichen Pranger stellen können. Der Verhaltensdruck für Unternehmen ist enorm. Jede weitere aufgedeckte Verfehlung lässt ihn weiter steigen. Der lückenlosen Rückverfolgbarkeit von Produkten fällt dabei eine Schlüsselrolle zu. Denn nur wenn Unternehmen selbst genau nachvollziehen können, wann und wo und durch wen die Ware hergestellt, verarbeitet, gelagert, transportiert und verkauft wurde, können sie den Kritikern zuvorkommen.

Die »Traceability« von Produkten hat noch einen weiteren Vorteil, der bares Geld wert ist und gedanklich dort ansetzt, wo Produkte von Konsumenten in die Mülltonne geworfen werden. Die Ausgangslage ist simpel: Je reicher eine Gesellschaft, desto mehr wird konsumiert, und desto mehr Müll wird produziert.

---

83 Wie zum Beispiel Wikileaks.org, Openleaks.org oder der anonyme »Digitale Briefkasten« bei *Zeit online*

Weltweit sind es derzeit 130 Millionen Tonnen Abfall pro Tag mit einer jährlichen Steigerungsrate von durchschnittlich 10 Prozent. Um diese Entwicklung in den Griff zu bekommen, muss sich die Müllproduktion vom wirtschaftlichen Wachstum entkoppeln.

Eine Lösung ist die »Reuse, Reduce, Recycle«-Logik. Steigende Rohstoffpreise und die gesellschaftliche Bewusstwerdung der Risiken für Mensch und Umwelt haben bereits zu einem Umdenken in der Industrie geführt: Abfall wird vermehrt als Ressource gesehen und nicht als Nebenerzeugnis der Produktion. Je besser nun die genaue Produktgeschichte und Zusammensetzung nachverfolgt werden können, desto effizienter ist der anschließende Wiederverwertungsprozess und desto höher der zu erzielende Preis auf den Märkten für Sekundärrohstoffe.

Doch nicht nur die Mülldeponien werden vermehrt als neue lokale Rohstoffquelle interpretiert. Die Stadt selbst kann darüber hinaus einen wichtigen Beitrag zur globalen Ernährungssicherung leisten. Während die Nahrungsmittelindustrie die bevorstehende Ernährungskrise[84] durch Bio-Technologie – insbesondere genmanipuliertes Saatgut – zu beantworten versucht, reift der romantische Gedanke einer nahezu autarken Lebensmittelproduktion im urbanen Raum zu einer ernstzunehmenden Alternative heran. Was sich derzeit noch in vereinzelten urbanen Projekten wie kollektiv bewirtschafteten Nutzgärten,[85] Rooftop-Farms,[86] Stadtbienenstöcken[87] oder Navigationsdiensten zu Obstbäumen im öffentlichen Raum[88] zeigt, hat durchaus Potenzial. Jedoch nur, wenn der knappe städtische Raum effizient genutzt werden kann, zum Beispiel durch vertikale Anbaumethoden. Die Schweizer Firma Urban Farmers[89] bietet bereits ein Containersystem an, das auf Gebäudedächern installiert wird und den Gemüseanbau mit einer Fischzucht kombiniert. Durch dieses Kreislaufsystem können 200 Kilogramm Gemüse mit nur 20 Prozent der üblichen Wassermenge produziert werden. Eine Kategorie größer denkt der Schwede Hans Hassle. Sein Unternehmen Plantagon konzipiert futuristisch anmutende urbane Gewächshochhäuser (sogenannte Vertical Farms) für die Städte dieser Welt. Die Konstruktion des ersten »Plantscraper« im schwedischen Linköping hat bereits begonnen[90] und soll den Stadtbewohnern nach Fertigstellung nicht nur frisches Gemüse, sondern auch Wärme und Energie liefern.

Das ökonomische Wachstum der Städte wird in Zukunft maßgeblich davon abhängen, ob sie die vielen lokalen Ressourcen für sich nutzen lernen. Dabei wird in den stark wachsenden Metropolen Asiens vor allem Urban Farming eine Lösung für die bevorstehende Beschaffungskrise sein. Und die wissen meist schon, wie es geht – die 23-Millionen-Metropole Shanghai erzeugt bereits heute 60 Prozent des Gemüses und 90 Prozent der Milch und Eier innerhalb der eigenen Stadtgrenzen.[91]

Torsten Rehder,
TrendONE GmbH

---

84 Die UNO schätzt, dass die Weltbevölkerung im Jahr 2025 auf 8 Milliarden, im Jahr 2050 auf über 9 Milliarden Menschen ansteigt (Quelle: http://esa.un.org/unpd/wpp/index.htm). Die steigende Nachfrage einer wachsenden Weltbevölkerung nach Lebensmitteln, die Zunahme unfruchtbarer Ackerböden als Folge einer langjährigen Monokultur sowie der Kampf um die Nutzung von Agrarflächen für Nahrung oder Biokraftstoffe verschärfen die Frage nach der globalen Ernährungssicherung.

85 http://www.gartendeck.de/, http://www.meine-ernte.de/

86 Zum Beispiel http://www.brooklyngrangefarm.com/ oder http://brightfarms.com/

87 http://www.dailymail.co.uk/femail/article-2155510/Guess-got-penthouse-Honeybee-hives-new-home-rooftop-New-Yorks-Waldorf-Astoria-hotel.html

88 http://neighborhoodfruit.com/

89 http://urbanfarmers.ch

90 http://www.mynewsdesk.com/uk/pressroom/plantagon-international/pressrelease/view/the-world-s-first-plantagon-greenhouse-for-urban-agriculture-breaks-ground-in-sweden-731611

91 Jonas, T.: *Future Agenda – The World in 2020.* Infinite Ideas Limited, 2011

Zeitalter der Nachhaltigkeit

»Erneuerungsschub dank Nachhaltigkeit« – warum grüne Supply-Chains die Wirtschaft ankurbeln

Gespräch mit Martin Schoeller, Geschäftsführer, Schoeller Holding

Wo sehen Sie den Stand in der Nachhaltigkeitsdebatte momentan?

Der erste große Erneuerungsschub der Nachhaltigkeit kam mit Al Gore. Er hat es geschafft, die Komplexität einer Ökobilanz auf die Kerngröße CO^2 zurückzuführen. Er hat sich gegen die vorherrschende Meinung der Wissenschaft, die Klimaeffekte negiert hat, durchgesetzt und dadurch einen Paradigmenwechsel herbeigeführt. Das offizielle Ziel ist eine Reduktion von 20 Prozent CO^2 bis 2020, 30 Prozent bis 2030, die Hälfte bis zum Jahr 2040 und 80 Prozent weniger CO^2 bis 2050. Ich bin optimistisch, dass dieses Ziel unserer Umweltverträglichkeit ein technisch-organisatorisch und wirtschaftlich machbares Ziel ist.

Ist der gleiche Wohlstand auch ohne CO_2 erreichbar?

Ja! Wir können müllfreien Warenverkehr und emissionsfreie Energie realisieren. Es ist schön, wenn man sein Geld mit etwas verdienen kann, das auch eine der großen Sorgen der Menschheit lindert. Wir haben nur dann eine Zukunft, wenn wir diese Aufgabe meistern – aber es gibt sehr viele Anzeichen dafür, dass uns das sehr gut gelingen kann. Wir übertreffen die Recyclingquoten der EU, wir übertreffen sie hier in Deutschland, und wir übertreffen auch die Quoten zur erneuerbaren Energie.

Wo sehen Sie den Beitrag Ihres Unternehmens?

Auf drei Feldern sind wir aktiv. Wir machen erstens Mehrwegverpackungen – eine Verpackung, die nie zu Müll wird. Wir sind bei Mehrweg so etwas wie die Geschirrspülmaschine der Nation. Mit unseren mehrfach verwendbaren Transportverpackungen sind wir Weltmarktführer geworden. Pro Jahr und pro Kopf entfallen 100 Kartons für Transport und Verpackung zum Supermarkt, das sind für Europa 40 Milliarden und für Amerika 30 Milliarden Kartons. Diese werden nach und nach durch unsere Kreislaufsysteme ersetzt. Das Reinigen einer Mehrwegkiste, die hundert Mal hin und her geht und dabei 1 bis 2 Cent Abschreibung kostet pro Umlauf, schlägt mit 15 Cent zu Buche – ein Transportbehälter aus Karton in einer durchschnittlichen Größe hingegen kostet 50 Cent. Es gibt also Möglichkeiten, umweltfreundliche Lösungen auch wirtschaftlich vorteilhaft darzustellen. Der von uns aufgebaute Mehrwegdienstleister IFCO International Food Container ersetzt mittlerweile 500 Millionen Kartons pro Jahr. Das entspricht ungefähr 1 Milliarde Kilogramm CO^2-Einsparung im Jahr. Zum Vergleich: Das ist ungefähr der Verbrauch von München.

Zweitens geht es um Recycling, ebenfalls eine große Herausforderung. 300 Milliarden Flaschen aus Kunststoff werden pro Jahr hergestellt, das sind 12 Milliarden Kilogramm Kunststoff. Wir haben uns mit den vier maßgeblichen Playern dieser Branche verständigt, mit Coca-Cola, Pepsi-Cola, Nestlé und Danone, die für die Hälfte des Marktes stehen. So können wir in den nächsten 10 bis 20 Jahren 50 Prozent recyceln.

Der dritte Geschäftsbereich, den wir jetzt betreiben, ist die Entwicklung von erneuerbarer Energie aus Sonne und Wind und die daraus abgeleiteten Möglichkeiten von Wasserentsalzung und Wasseraufbereitung für die südliche Hemisphäre.

Ist nachhaltige Energiegewinnung finanzierbar?

Ein Drittel des Energieverbrauchs entfällt auf die Industrie, ein Drittel auf Transport und ein Drittel auf die Haushalte. Strom für Haushalte und die Industrie ist langfristig zu einem großen Teil aus Sonne, Wind und Wasser herstellbar, wenn wir Sonne aus dem Süden und Wind aus dem Norden einbeziehen. So haben wir in Deutschland schon eine Kapazität von über 30 Gigawatt an Solarstrom. Das kostet mehr als in den großen Kraftwerken, in Kohlegas- und Atomkraftwerken, aber es kostet nach Abschreibungen der Anlage weniger. Nach 17 Jahren sind diese Anlagen abgeschrieben, und sie werden weiterlaufen. Sie haben dann nur ungefähr 10 Prozent ihrer Leistungsfähigkeit verloren – mit nur 1 bis 3 Cent pro Kilowattstunde Unterhaltskosten für Sonne und Wind.

Und beim Transport? Wir können elektrisch fahren und zusätzlich Ethanol herstellen. In Brasilien versorgt Ethanol bereits die Hälfte des ganzen Verkehrs. Ich denke, müllfreier Warenverkehr, emissionsfreie Energie und genügend Wasser können wir in den nächsten 50 bis 100 Jahren realisieren. Und das wirkt wie ein Konjunkturprogramm – vergleichbar mit dem Wirtschaftswunder in Deutschland nach dem Krieg.

Wie kann die Politik die Umsetzung der Nachhaltigkeit fördern?

Wir als mittelständischer Anbieter freuen uns, wenn etwas schwierig ist, weil wir dann die Konzerne überholen. Etwa bei der Frage: »Können wir Wasser in Afrika entsalzen, und das auch noch wirtschaftlich und nicht einfach nur mit viel Geld?« Für mich ist das Thema Umwelt und die Herausforderung der Umsetzung die Chance, durch die ein mittelständisches Unternehmen seine Zukunft finden kann.

Das große Thema für den Mittelstand ist Finanzierung. Heute sind Wachstumskredite für uns schwerer denn je zu bekommen, obwohl anscheinend eine große Geldmenge im Umlauf ist. Was wir der Politik empfehlen, ist, die Finanzierbarkeit des Mittelstands zu fördern. Die Chinesen geben etwa Exportförderung in der Weise, dass der Abnehmer von chinesischen Produkten das Geld aus China gleich mitgeliefert bekommt. In dieser Art könnten wir in Europa ganz viel bewegen, und Europa könnte der soziale und ökologische Taktgeber der Welt werden – wenn wir nur die Finanzschraube für den Mittelstand ein bisschen lockern.

Ist Corporate Social Responsibility (CSR) Normalität geworden?

Beim Thema CSR unterscheide ich stark zwischen Familien- und Nicht-Familienunternehmen. Ich bin Sprecher der Familienunternehmer und bin froh über diese Frage. Wir lieben unsere Firmen, weil wir in Generationen denken. Deswegen ist es besser, die Unternehmer laufen zu lassen, deren Schicksal verknüpft ist mit dem Schicksal der Firma. Dieses Motiv der familiären Fürsorge ist ein wichtiges Motiv in der Wirtschaft – und die gute Nachricht ist, dass 80 Prozent aller Mitarbeiter in Deutschland im privaten Sektor für Familienunternehmen arbeiten.

»Das Rückgrat der Stadt« – wie der öffentliche Nahverkehr in Megacitys funktionieren wird

Gespräch mit Henrik Falk,
Vorstand für Finanzen und Vertrieb, Berliner Verkehrsbetriebe (BVG)

Wie verändert sich die Einstellung gegenüber Verkehrsmitteln?

Wir haben es immer mehr mit bewussten Entscheidungen zu tun. Die Menschen legen sich nicht fest, die dogmatischen Grenzen zwischen den Verkehrsmitteln fallen, zwischen öffentlichem Nahverkehr und individuellem Fahrzeug. Es geht um den einfachsten, bequemsten und kostengünstigsten Weg. Für unsere Branche – aber auch für die Automobilindustrie – bedeutet das, sich viel stärker mit der Vernetzung der Angebote beschäftigen zu müssen, und das mit Blick auf die Mobilitätsbedürfnisse unserer Kunden, die je nach Reiseanlass oder Entfernung zum Zielort stark variieren.

Wie wichtig ist der soziale Auftrag des öffentlichen Personennahverkehrs (ÖPNV)?

Ich muss mir mehr über Geschäftsmodelle Gedanken machen, die eine Teilhabe am ÖPNV sicherstellen. Dies ist ein Grundkonsens in Berlin und in Deutschland und unterscheidet uns von vielen Ländern, gerade außerhalb Europas. Es darf kein Abschneiden ganzer Wohnviertel geben, und zu geregelten Zeiten muss öffentlicher Verkehr sichergestellt sein, damit den Menschen die Teilnahme am sozialen Leben erleichtert werden kann. Das reicht vom Arztbesuch über kulturelle Veranstaltungen bis hin zum Besuch bei Verwandten.

Sicherheit ist dabei ein wichtiges Thema für die Zukunft. Im Gegensatz zu den öffentlichen Straßen sind die Fahrzeuge des ÖPNV weitestgehend mit Kameras ausgestattet, und dennoch gibt es dort eine gefühlte subjektive Unsicherheit. Die Entscheidung, den ÖPNV zu nutzen, hängt ganz stark davon ab, wie sicher ich mich fühle.

Vor welchen finanziellen Herausforderungen stehen die BVG?

Hier ist die spannende Frage, wie die Finanzierung in Zukunft aussehen wird. Neben der Finanzierung über unseren Verkehrsvertrag ist es bei uns auch ganz klassisch: Je mehr Umsatz wir über den Kunden machen, desto mehr Umsatz haben wir auch selbst im Unternehmen. Bei vernetzten Angeboten haben wir es aber mit privatwirtschaftlichen Unternehmen, vor allem mit Automobilkonzernen zu tun, die über dieselbe Zielgruppe nachdenken, aber rein gewinnorientiert entscheiden. Es ist klar, dass der ÖPNV nicht nach einer rein gewinnorientierten Logik handeln kann. Viele wenig genutzte Linien sowie Angebote während der Nacht ließen sich so überhaupt nicht betreiben. Aber genau das ist schließlich der soziale Auftrag des ÖPNV.

Dennoch stehe ich dafür, dass auch der ÖPNV betriebswirtschaftlich funktionieren kann, aber eben nicht mit klassischen Gewinnmargen. Der Blick muss für uns auf dem Gesamtsystem liegen und nicht ausschließlich auf der Wirtschaftlichkeit einzelner Linien. Ich denke, dass der Verkehr in Berlin unter dieser Maßgabe zumindest voll kostendeckend durch unser Unternehmen erbracht werden kann.

Welche Rolle spielen Einkauf und Supply-Chain-Management für die BVG?

Für die BVG, auch als öffentliches Unternehmen, spielen all diese Themen, all diese Hebel dieselbe Rolle wie in jedem anderen klassisch privatwirtschaftlich geführten Unternehmen in Deutschland auch. Wir stehen deshalb bei diesen Themen im Austausch mit anderen Unternehmen – bis hin zu Beratungsunternehmen –, um etwa den Einkauf zu optimieren. Bei uns ist ein ganz wesentlicher Punkt etwa das Thema Energie. Für uns machen Strom und Diesel im Jahr allein eine Kostenposition von 100 Millionen Euro aus. Allein hier lohnt sich jede Optimierung. Über unseren Einkauf werden Volumen in Milliardenhöhe vergeben und verhandelt. Da ist es für mich selbstverständlich, hier ständig nach Optimierungen in allen Richtungen zu suchen.

Welche Anforderungen kommen etwa durch den demografischen Wandel auf die BVG zu?

Wir werden andere Anforderungen an die Infrastruktur haben. Aufzüge, Fahrtreppen, Barrierefreiheit, Helligkeit, Ausleuchtung – all diese Themen werden umso mehr eine Rolle spielen, je mehr ältere Menschen mit dem ÖPNV unterwegs sind.

Eine zweite Entwicklung ist: Es wird in Zukunft mehr um Handytickets, um elektronische Bezahlformen gehen. Wir werden von den klassischen Automaten und Papierfahrscheinen wegkommen – und auch betriebswirtschaftlich wegkommen müssen. Ich denke, wer gewohnt ist, mit Handys und elektronischen Medien umzugehen, wird auch im Alter damit kein Problem haben.

Wir als BVG haben uns bis zum Jahr 2020 auf die Fahne geschrieben, 95 Prozent unserer Verkaufstätigkeit über elektronische Verkaufsformen abzuwickeln. Wir liegen heute bei knapp 20 Prozent, es liegen also noch einige Schritte der Umstellung vor uns.

Ein weiterer Aspekt, der durch den Demografiewandel auf die BVG zukommt, ist das Thema Gewinnung von Fachkräften. Die Menschen in Deutschland werden älter, die geburtenschwachen Jahrgänge der Wendezeit sind im Arbeitsleben angekommen. Wir haben eine größere Verantwortung, selbst Fach- und Führungskräfte auszubilden und diese vor allem am Markt zu rekrutieren, damit die Qualität des Berliner ÖPNV erhalten bleibt. Dieser Herausforderung werden wir uns in den kommenden Jahren vermehrt stellen.

Was bringen neue elektronische Möglichkeiten für den Fahrgast?

Immer mehr Elektronik heißt nicht automatisch weniger Kosten. Der Schlüssel liegt darin zu überlegen, was der Kunde eigentlich braucht. Er wird auch im Jahr 2030, davon bin ich fest überzeugt, seine Kaufentscheidung nicht ausschließlich aufgrund schöner neuer elektronischer Features treffen, sondern danach, mit welchem Mobilitätsgefährt er am schnellsten, am pünktlichsten und verlässlichsten von A nach B kommt. Hierbei wird uns die Elektronik immer mehr helfen.

Darüber hinaus stellen sich die Fragen: Wie ist das Vertriebssystem elektronisch gestaltet? Wie kann es so aufgebaut und dem Kunden nähergebracht werden, dass dieser möglichst wenig tun muss, um das für ihn beste und günstigste Angebot präsentiert zu bekommen? Das ist ein Schritt bei der Tarifvielfalt, die der ÖPNV in Berlin bietet, um Zugangsbarrieren abzubauen und noch kundenfreundlicher zu werden.

Wie sehen Sie die Balance zwischen Erhalt der Infrastruktur und dessen Ausbau?

Für Berlin muss man ganz klar sagen, dass unter der Betrachtung von Nachhaltigkeit und Finanzierbarkeit die größte Herausforderung ist, bis zum Jahr 2030 den heutigen Zustand der bestehenden Infrastruktur zu erhalten. Darüber hinaus gilt es etwa, die zum Teil 100 Jahre alten Bahnhöfe wieder für heutige Anforderungen fit zu machen. Insgesamt finden wir: Erhaltung geht klar vor Neubau.

Was ist Ihre Vision der Megacity Berlin im Jahr 2030?

Die Menschen sind heute bereits viel mehr in Bewegung als noch vor 20 Jahren. Jährlich steigen die Touristenzahlen in Berlin, und in Zukunft, davon bin ich überzeugt, wird aus dieser Stadt, die jetzt bereits ständig in Bewegung ist, eine noch pulsierendere Metropole werden, deren Lebensadern auf der Straße und auch auf der Schiene liegen. Denn die ständige Bewegung ist es, die Leben in Berlin ausmacht. Diese ständige Bewegung so zu organisieren, dass ich kein eigenes Auto im klassischen Sinne mehr benötige, das wäre meine Vision für Berlin im Jahr 2030.

Sustainable Logistics:
Jenseits von Hype und Aktionismus

Sowohl konkrete Projekterfahrungen als auch Untersuchungen der letzten Jahre zeigen, dass ökologische Aspekte inzwischen zu den wichtigsten strategischen Faktoren und auch zu den zentralen Kriterien bei Sourcing-Entscheidungen gehören – und ihre Entscheidungsrelevanz steigt schneller als die jedes anderen Kriteriums.[92] Welche unmittelbaren praktischen Folgen das hat, lässt sich leicht belegen: Fehlende ökologische und soziale Standards werden von den CPOs globaler Konzerne und führender Mittelständler inzwischen als das Hauptargument gegen den Einkauf in China aufgeführt, für die Auswahl von Logistikstrategien ist Nachhaltigkeit inzwischen eine zentrale Rahmenbedingung.[93]

Green Procurement und Green Logistics oder – um im Folgenden einen breiteren und angemesseneren Fokus zu wählen – »Green and Sustainable Supply-Chain-Management« ist also ganz offensichtlich kein Hype. Darunter werden im Allgemeinen Beschaffungs- und Logistikstrategien verstanden, deren negative Auswirkungen auf die Umwelt möglichst gering sind und bei denen auch die Einhaltung sozialer und ethischer Standards berücksichtigt wird. Dies bezieht sich auf den gesamten Lebenszyklus der Produkte und Dienstleistungen von der Herstellung über den Transport und die Weiterverarbeitung bis hin zu Entsorgung und Recycling.

Die zunehmende Bedeutung des Themas ist mehreren Entwicklungen geschuldet. Einerseits hat sich das gesellschaftspolitische Klima weltweit verändert: Nicht nur Verbraucher, sondern auch Gesetzgeber fordern und forcieren den Aufbau und die Einführung umfassender »Eco-and-Social-Governance«-Systeme. Organisationen, die diesen Anforderungen nicht genügen, müssen mit Reputationsverlust und gesetzlichen Sanktionen rechnen. Andererseits wird Ökologie zunehmend zu einem ökonomischen Faktor, bedingt durch knappe und teure Rohstoffe, neue Recyclingnormen und entsprechendes Konsumentenverhalten. Nur folgerichtig ist es vor diesem Hintergrund, dass auch Investoren und Analysten den »Sustainability-Footprint« der Unternehmen genau beobachten und Versäumnisse negativ bewerten. Dass Supply-Chain-Management bei

---

92 Awasthi, A. et al.: Multicriteria decision making for sustainability evaluation of urban mobility projects, CEPS Instead Working Paper No 2013-01, Luxemburg; 2013; KPMG INTERNATIONAL: Corporate Sustainability A progress report, 2011 GreenBiz Group, Ernst & Young: Six growing trends in corporate sustainability, 2011; Blome, C. et al.: *Green and Sustainable Procurement Today – A Perspective on Leading European Companies*, Wiesbaden/St. Gallen, 2009

93 Bartscher-Herold, D. et al.: Best Value Country Sourcing – A Paradigm Shift for Global Sourcing Approaches; St. Gallen, 2009

dieser Entwicklung eine zentrale Rolle spielt, ist nicht überraschend, denn Einkauf und Logistik sind für bis zu 80 Prozent aller Unternehmensprozesse verantwortlich und managen die Schnittstelle zum externen Wertschöpfungsnetzwerk.

Perspektiven der Nachhaltigkeit

Die Nachhaltigkeit der Prozesse im Supply-Chain-Management lässt sich aus drei Perspektiven betrachten. Bei der *ökonomischen Perspektive* richtet sich das Augenmerk insbesondere auf die Lebenszykluskosten sowie auf die Berücksichtigung der externen ökologischen und sozialen Kosten. Aber auch die Frage, inwiefern gerade die Logistikketten für die neuen Koordinaten der Weltwirtschaft – Interdependenz, Volatilität, Zunahme externer Schocks – gerüstet sind, ist eine originäre Frage der Nachhaltigkeit.[94]

Bei der *ökologischen Perspektive* stehen primär die Fragen des Ressourceneinsatzes, der Umweltverschmutzung und des Energiemanagements im Vordergrund, wobei die Herausforderung heute vor allem darin liegt, die entsprechenden Standards nicht nur im eigenen Unternehmen (ein verhältnismäßig einfaches Unterfangen), sondern in der gesamten Wertschöpfungskette zu installieren.

Diese Herausforderung gilt noch stärker für die dritte, die *soziale Perspektive*. Themen wie faire Löhne, Arbeitsbedingungen, Achtung von Menschenrechten und Vermeidung von Kinderarbeit sind hierbei von kritischer Relevanz.

Prüfsteine von Green Logistics

Mit dieser vereinfachten Darstellung auf die drei Perspektiven der Nachhaltigkeit ist einerseits der Rahmen abgesteckt, in dem sich eine ernsthafte Diskussion und Strategiebildung bewegen müssen. Andererseits werden auch die wichtigsten Herausforderungen des Green and Sustainable Supply-Chain-Managements sichtbar: Eine Nachhaltigkeitsstrategie muss – erstens – die Logistik im Kontext ihrer Rolle im Unternehmen betrachten, die sich in den letzten Jahren stark verändert hat. Aus der »Transportmaschine« Logistik ist ein strategischer Hebel geworden, der signifikante Beiträge zum Unternehmenserfolg leistet, wettbewerbsdifferenzierend wirkt und langfristige Werte schafft. Themen wie Risiko- und Innovationsmanagement, Finanzierung oder Markterschließung stehen auf den Agenden der Logistikmanager. Es gibt de facto keinen Bereich des unternehmerischen Wirkens, der von den Entscheidungen der Logistik nicht beeinflusst

---

94 Von der Gracht, H.; Darkow, I., et.al,: *Atmende Supply Chains – Wie gut ist Deutschlands gehobener Mittelstand auf volatile Märkte vorbereitet?*, Wiesbaden, 2010

wird und vice versa. Daher ist es nur folgerichtig, dass ihr auch eine zentrale Rolle bei der Planung und Umsetzung der Nachhaltigkeitsstrategien zukommt.

Diese Rolle impliziert – zweitens –, dass die Umsetzung einer spezifischen Nachhaltigkeitsstrategie für die Logistik streng genommen gar nicht möglich ist. Diese kann nur im Zusammenwirken insbesondere mit dem Einkauf, aber auch mit Forschung & Entwicklung, Produktion und anderen Unternehmensbereichen entwickelt werden. Die Auswahl der Werkstoffe in der Produktentwicklung, die Planung der Produktionsprozesse und die Auswahl der Produktions- und Sourcing-Standorte haben maßgeblichen Einfluss auf die Chancen der Logistik, ihre Prozesse nachhaltig zu gestalten. In der Praxis funktioniert diese Zusammenarbeit nicht immer optimal: Es mangelt an fachlichem Knowhow, gemeinsamen Prozessen, Strukturen und Zielsystemen.

Die Schnittstellenfunktion, die der Logistik sowohl intern als auch extern zukommt, und die Integration globaler Wertschöpfungsketten machen es schließlich notwendig, dass die auf Nachhaltigkeit fokussierten Planungs- und Managementprozesse auch die externe Wertschöpfung einbeziehen, sprich die internationalen Zulieferernetzwerke: Die meisten Unternehmen wissen zwar heute, dass das Management und die Entwicklung strategischer Lieferanten und Dienstleister von zentraler Bedeutung für den Erfolg nachhaltiger Strategien sind. Empirische Ergebnisse zeigen jedoch, dass die Umsetzung hinter der Erkenntnis deutlich zurückbleibt.

Meilensteine auf dem Weg zu einer nachhaltigen Logistik

Was sind also heute die wichtigsten Aufgaben beim Aufbau nachhaltiger Supply-Chain-Management-Strategien? Zunächst gilt es, die Managementsysteme für Risikomanagement, Auswahl, Auditierung und Entwicklung der Lieferanten und Dienstleister anzupassen, die heute noch stark auf traditionelle Fragestellungen ausgerichtet sind. Generell gilt: Logistik braucht dringend Transparenz sowohl bei internen Prozessen als auch über die Situation bei den wichtigsten Lieferanten und Dienstleistern. Erst diese Transparenz schafft die Voraussetzungen für ein proaktives, an allgemein anerkannten Schlüsselindikatoren orientiertes, nachhaltiges Logistikmanagement. Die Ableitung entsprechender Indikatoren und ihre verbindliche Verankerung in allen globalen Logistikprozessen kann aber nicht Sache einzelner Unternehmen sein. Verbindliche und vor allem wirksame Leitlinien zu entwickeln und umzusetzen ist eine unternehmerische, nicht zuletzt aber auch politische Aufgabe.

Darüber hinaus muss die Zusammenarbeit mit anderen Unternehmensfunktionen dringend verbessert werden, was sich unter anderem auch in gemeinsamen KPIs (Key Performance Indicators) und einem besseren fachlichen Verständnis der jeweiligen Themen und Aufgaben niederschlagen muss. Erfolgreiche Pioniere der nachhaltigen Logistik orientieren sich dabei an langfristigen, abteilungsübergreifenden Strategien. Für Nachzügler ist das Thema häufig mit einem abgeschlossenen Projekt abgehandelt. Wer aber seine SCM-Organisation über einen derart kurz gedachten Aktionismus mit dem Thema Nachhaltigkeit konfrontiert, läuft Gefahr, das Unternehmen in eine ernsthafte Krise zu manövrieren.

Das alles macht eine Nachhaltigkeitsstrategie in der Logistik auch zur Aufgabe des Topmanagements. Die Unterstützung durch die obersten Entscheider ist maßgeblich dafür, ob ein Unternehmen sich eine führende Position in nachhaltiger Logistik erarbeiten kann – dies ist, empirisch gesehen, sogar ein stärkerer Treiber als gesetzliche Vorgaben oder die Anforderungen der Stakeholder.

Szenarien des Wandels

Die Umsetzung einer Nachhaltigkeitsstrategie, die alle drei beschriebenen Perspektiven berücksichtigt, ist also eine langfristige und tiefgreifende Aufgabe. Man kann deshalb zu Recht die Frage stellen, inwiefern eine solche Planung, da der Prognosehorizont sich dramatisch verkürzt, überhaupt möglich ist. Heute sind bereits eine ganze Reihe von Faktoren sichtbar, deren Auswirkungen auf die Logistik bislang schwer abzuschätzen sind. Dazu zählen beispielsweise die globale Konjunkturentwicklung, der Zugang zu Ressourcen und Energie, die Entstehung globaler Produktionscluster, die Fragilität und Angreifbarkeit logistischer Netzwerkknoten, die Gewährleistung von Bildungsstandards und der Zugang zu Humankapital, die Urbanisierung oder grundlegende Transportinnovationen.

Um in diesem Umfeld strategisch agieren zu können, muss die Logistik ein neues Paradigma annehmen: das Paradigma volatiler Märkte. Komplexe Gebilde wie globale Wertschöpfungsketten müssen im Hinblick auf diesen Wandel neu aufgestellt werden. Es gilt, sie flexibler und adaptiver – lebendiger – zu machen. Diese Aufgabe erfordert neue Kompetenzen und Werkzeuge, vor allem eine neue Art des Managements, das sich ebenfalls durch Flexibilität, Intuition und die Bereitschaft, in Alternativen und Szenarios zu denken, auszeichnet. Nur Unternehmen, die diesen Wandel meistern, werden in der Lage sein, eine langfristige und robuste Nachhaltigkeitsstrategie in der Logistik aufzubauen.

Sven T. Marlinghaus,
Partner, Leiter SCM & Procurement Consulting, KPMG

Danksagung

Dass man nicht zweimal in denselben Fluss steigen kann, liegt nicht nur am Fluss. So ist es auch mit Büchern. Als Herausgeber hatten wir das Glück, mit kreativen, brillanten und engagierten Menschen zu arbeiten. Viele von ihnen kennen wir seit Jahren, viele haben wir während der Arbeit an diesem Buch kennengelernt. Dieses Miteinander hat uns verändert, unseren Blick auf die Welt erweitert. Jeder von ihnen hat dazu beigetragen, dass dieses Projekt möglich wurde. Keiner von ihnen war entbehrlich.

Unser Dank gilt in erster Linie unseren Kollegen bei KPMG – ohne euch wäre dieses Buch weder möglich noch notwendig gewesen. Beratung ist People Business, und People Business ist niemals nur Business. Euer Vertrauen, euer Commitment, eure Offenheit und euer Engagement verdienen unseren Respekt und unsere tiefe Dankbarkeit.

Namentlich danken möchten wir Jörg Asma, Nicole Gaiziunas-Jahns, Boris Gattineau, Dr. Heiko von der Gracht, Dr. Robert Gutsche, Sebastian Hartmann, Dr. Lars Immerthal, Thomas Kappler, Melanie Kersting, Melanie Lützenkirchen, Michael Münnich, Christian Pfeiffer, Bernd Trautwein, Jan Voller und Hans Winterhoff. Sie haben es möglich gemacht, dass ein Projekt, das mit der sprichwörtlichen Ideenskizze auf einer Serviette begann, zu einem Buch wurde, auf das wir stolz sind. Wir danken auch dem Team von Jordan & Partner und ganz besonders Dimitrij Naumov, der die Entstehung dieses Buchs maßgeblich unterstützt hat.

Unseren Gesprächspartnern Dr. Bernhard Albert, Oozi Cats, Henrik Falk, Eckard Foltin, Dr. Hans-Joachim Haß, Bundeswirtschaftsminister a. D. Prof. Dr. Helmut Haussmann, Prof. Dr. Claus Hipp, Fred B. Irwin, Dr. Adrian Keppler, Dr. Kai Liebert, Maxim Nohroudi, Dr. Carsten Rennekamp, Martin Schoeller, Thorsten Schröppe, René Schuster, Rolf Tophoven und Bundesfinanzminister a. D. Dr. Theo Waigel danken wir für ihre Zeit und ihre Bereitschaft, sich auf dieses Projekt einzulassen und ihre Erfahrungen und Gedanken mit uns zu diskutieren. Die Gespräche mit ihnen waren und sind für uns eine Quelle der Inspiration.

Das Team von TrendONE hat uns auf beeindruckende Weise gezeigt, wie man eine neue Perspektive auf gewohnte Dinge gewinnt. Carsten Abelbeck hat mit seinen wunderbaren Illustrationen unser Buch lebendig gemacht. Auch ihnen danken wir ganz herzlich.

Quellen

Bücher und Studien

- Awasthi, A. et. al.: *Multicriteria decision making for sustainability evaluation of urban mobility projects*, CEPS Instead Working Paper No 2013-01; Luxemburg, 2013

- Bartscher-Herold, D. et. al.: *Best Value Country Sourcing – A Paradigm Shift for Global Sourcing Approaches*; St. Gallen, 2009

- Bell, D.: *The Coming of Post-Industrial Society*; New York, 1976

- Blome, C. et. al.: *Green and Sustainable Procurement Today – A Perspective on Leading European Companies*; Wiesbaden/St. Gallen, 2009

- Bundesministerium für wirtschaftliche Zusammenarbeit und Entwicklung (BMZ): *Entwicklungsfaktor extraktive Rohstoffe. Ein Positionspapier des BMZ*; 2010

- Dodd–Frank Wall Street Reform and Consumer Protection Act, PUBLIC LAW 111–203—JULY 21; 2010

- Dumitrescu, D.: *Road Trip to Innovation: How I came to understand Future Thinking*; Hamburg, 2012

- European Commission: *Critical raw materials for the EU – Report of the Ad-hoc Working Group on defining critical raw materials*; European Commission (EC), 2010

- FAO: *Fischerei & Aquakulturreport*; Rom, 2013

- Friedman, G.: *Die nächsten 100 Jahre*; Frankfurt/Main, 2009

- Gaiziunas, N.: *Manager, die Berge versetzen: Der Return on Education: Exzellente Mitarbeiter, überragende Performance, glänzende Ergebnisse*; München, 2011

- Gerpott, Torsten J.: *Strategisches Technologie- und Innovationsmanagement*; Stuttgart, 2005

- Ghemawat, P., Altman, S.: *DHL Global Connectedness Index*; 2012

- GreenBiz Group, Ernst & Young: *Six growing trends in corporate sustainability*; 2011

- Herbert, F.: *Dune*; London, 2007

- Immerthal, L., Marlinghaus, S.: *Risk management reloaded – A procurement perspective*; Bonn, 2007

- Jánszky, S.; Schildhauer, T.: *Vom Internet zum Outernet. Strategieempfehlungen und Geschäftsmodelle der Zukunft in einer Welt der Augmented Realities*; 2010

- Jones, T.: *Future Agenda: The World in 2020*; Oxford, 2011

- KPMG INTERNATIONAL: *Corporate Sustainability: A progress report*; 2011

- Kühmayer, F.: *Research & Reflections: Future of Work, Microsoft Studie*; Wien, 2009

- McKinsey Global Institute: *Help wanted: The future of work in advanced economies*; 2012

- Munich RE, Topics Geo: *Naturkatastrophen 2012: Analysen, Bewertungen, Positionen*; 2013

- Müller, H.: *Die sieben Knappheiten*; Frankfurt/Main, 2008

- Münkler, H.: *Die neuen Kriege*; Hamburg, 2002

- Niesing, B.: »Recycling 2.0 – perfekt getrennt«; In: *weiter.vorn – Das Fraunhofer-Magazin*, Ausgabe 1/13; München, 2013

- Oxford Economics: *The Economic Impacts of Air Travel Restrictions Due to Volcanic Ash*; (Airbus Survey) 2010

- PWC: *Managing tomorrow's people: The future of work to 2020*; 2012

- Rast, C.: *Chefsache Einkauf*; Frankfurt/Main, 2008

- Reuscher, G.: »Innovationen gegen Rohstoffknappheit«; In: *Zukünftige Technologien* Nr. 74; Düsseldorf, 2008

- Russell, B.: *The Philosophy of Logical Atomism, in The Collected Papers of Bertrand Russell*; London, 2011

- Statistisches Bundesamt; 2013

- TrendONE/Proximity: *The Outernet. Say hello to the wild world web!*; 2010

- Verband der Automobilindustrie e. V.: *VDA Jahresbericht*; Berlin, 2012

- Von der Gracht, H.; Darkow, I., et.al,: *Atmende Supply Chains – Wie gut ist Deutschlands gehobener Mittelstand auf volatile Märkte vorbereitet?*; Wiesbaden, 2010

- Watzlawick, P.: »Selbsterfüllende Prophezeiungen«, in: *Die erfundene Wirklichkeit*, ders.; München, 1985

- World Bank: *GDP Ranking*; 2011

- World Trade Organization: *World Trade Statistics*; verschiedene Jahrgänge

Internet

(Stand aller Angaben: Juni 2013)

- http://databank.worldbank.org/data/download/GDP.pdf
- http://esa.un.org/wpp
- www-07.ibm.com/services/pdf/the_value_of_relationships_in_the_networked_economy.pdf
- www.bbvaopenmind.com/en/big-data-challenges-opportunities-andexploitation/
- www.brightfarms.com/s
- www.brooklyngrangefarm.com/
- www.chicagoinnovationawards.com/winner/coyote/?y=2012
- www.cisco.com/web/about/ac79/docs/innov/IoT_IBSG_0411FINAL.pdf
- www.dailymail.co.uk/femail/article-2155510/Guess-got-penthouse-Honeybee-hivesnew-home-rooftop-New-Yorks-Waldorf-Astoria-hotel.html
- www.datenschutzkongress.de/big-data-und-datenschutz-%E2%80%94-geht-das/
- www.de.statista.com/statistik/daten/studie/12856/umfrage/absatz-von-smartphonesweltweit-seit-2007/
- www.de.statista.com/themen/258/mobiles-internet/infografik/587/mobile-knackt-die-10-prozent-marke/
- www.en.wikipedia.org/wiki/Coopetition
- www.fastcodesign.com/1669718/in-innovation-today-the-smartest-companiescollaborate-with-enemies
- www.forbes.com/sites/perryrotella/2012/04/02/is-data-the-new-oil/
- www.gartendeck.de/
- www.gartner.com/technology/topics/big-data.jsp
- www.guardian.co.uk/news/datablog
- www.gulli.com/news/21385-eugene-kaspersky-warnt-vor-cyberterrorismus-2013-04-27
- www.iftf.org/futureworkskills2020
- www.ihub.co.ke
- www.informationisbeautiful.net/
- www.jovoto.com
- www.jovoto.com/projects/room-2022/landing

- www.mashable.com/2010/11/20/microsoft-kinect-hacks/

- www.meine-ernte.de/

Über die Herausgeber

Sven T. Marlinghaus ist Partner bei der KPMG Wirt-
schaftsprüfungsgesellschaft AG und Leiter SCM &
Procurement Consulting.

Er war seit 1999 Partner und Verwaltungsrat von
BrainNet, eine der weltweit führenden Beratungen für
Einkauf und Supply-Chain-Management. BrainNet ist
seit Juni 2012 Teil des weltweiten KPMG-Netzwerks.

Sven T. Marlinghaus ist Autor verschiedener
Publikationen zum Thema Supply-Chain-Management
und ein gefragter Redner auf Fachkonferenzen.

Christian A. Rast ist Partner bei der KPMG Wirtschafts-
prüfungsgesellschaft AG und Leiter des globalen
Center of Excellence Strategic Sourcing & Procurement.

Nach seinem Studium an der Universität zu Köln
war er in verschiedenen Managementfunktionen bei
Bertelsmann in Deutschland und in den USA tätig.
1995 war er Mitgründer der Supply-Chain-Management-
Beratung BrainNet, deren CEO er bis zur Übernahme
von BrainNet durch KPMG im Juni 2012 war.

Christian A. Rast ist Autor verschiedener Publikationen
zum Thema Supply-Chain-Management und des
Buchs *Chefsache Einkauf*, das 2008 im Campus Verlag
erschienen ist.

Stichwortverzeichnis